AI부터 우주까지 더 깊어진 미래기술 15

핫한 기술 2025 쿨한 기술

이데일리 미래기술 특별취재팀

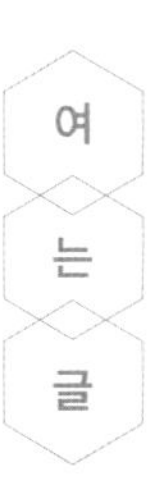

제2, 제3의 장영실, 최무선 탄생을 꿈꾸며

미래를 정확히 예측하는 건 불가능의 영역입니다. 신계(神界)에서나 가능한 것이겠지요. 하지만 그 예측을 위한 노력은 괴짜 아이디어를, 그 아이디어는 더 나은 비전을, 그리고 그 비전은 무한한 미래를 채우는 핵심 열쇠가 됐다는 걸 우리는 역사를 통해 목도해왔습니다.

미래학자 레이 커즈와일(Ray Kurzweil)은 "2045년, 사람은 죽지 않는다"고 했습니다. 이제 20년 남짓 남았으니 때가 되면 그 예측이 명중할지, 빗나갈지 알 수 있겠지요. 얼토당토않은 얘기 같지만 커즈와일의 설명을 들어보면 일견 놀랍기도 합니다. 인공지능(AI) 발전에 따라 신약·치료제의 개발 속도가 비약적으로 빨라지고, 궁극적으로 기계와 융합을 이뤄 인간은 초지능 단계에 접어들며 무한히 살 수 있다는 게 그의 주장입니다.

그의 상상을 마냥 흘려들을 수 없다고 느낀 건 AI·신약 등 한때는 불가능할 것으로 여겼던 것들이 지금은 현실화하고 있기 때문일 것입니다. 이제는 영화 속에서나 볼 법했던 로봇·홀로그램 기술을 통한 미래도시가 구현 가능해져 곧 우리 곁에 올 것 같다는 생각마저 들 정도니까요.

지금까지 그랬듯이 세상은 기술의 진보를 통해 발전해왔습니다. 한민족사에서도 최무선이나 장영실처럼 과학기술 분야에서 두드러진 성과를 낸 인물이 제법 있습니다. 그러나 성리학의 '사농공상'을 숭상한 조선시대를 거치며 더는 천재적인 발명가들을 찾기 어렵게 됐지요. 18세기 공학기술자를 우대하면서 산업혁명을 주도한 영국과는 전혀 다른 길을 걸었던 안타까운 대목이기도 합니다. 비록 시작은 늦었지만, 대한민국도 1970년대 '공업 강국' 시대를 지나면서 명실상부 첨단 기술산업국가라는 위상을 얻었습니다.

여전히 갈 길은 멉니다. 글로벌 경쟁 우위를 점하고 있다는 반도체·배터리 기술도 이제는 성역이 아닙니다. 중국 '기술 굴기'의 추격 속에 언제든 경쟁에서 도태될 수 있습니다. 멈칫할 경우 우리는 후손에게 물려줄 유산조차 없어질 수 있다는 비관론까지 엄습한 상황입니다. 최근 만난 재계 관계자들과 전문가들은 하나같이 '초격차 기술'만이 해법이라고 입을 모읍니다. 그도 그럴 것이 기술력은 그 나라, 그 기업의 기초체력이자 몸집·맷집을 가늠할 핵심 척도가 됐기 때문이지요. 만약 다양한 미래기술을 바탕으로 이를 발전·융합시켜 다가오는 미래를 대비하지 않으면 대한민국은 영원히 재기하기 어려운 처지에 직면할 수 있는 매우 엄중한 상황입니다.

실제로 기름 한 방울 나지 않는 우리에게 기술은 생존과도 직결된 문제입니다. 글로벌 패권 경쟁 속 미국·중국·일본, 유럽 국가들과 협력하고, 때론 맞서려면 '초격차' 기술력 없이는 불가능하다는 건 다들 인지하고 있지요. 네덜란드와 대만이 작지만 강한 나라라고 불리는 건 극자외선(EUV)의

ASML, 파운드리(반도체 위탁생산)의 TSMC라는 강력한 기술력을 가진 기업을 갖고 있어서입니다.

전문가들은 제2, 제3의 장영실, 최무선과 같은 기술인재를 기르는 게 급선무라고 조언합니다. 첨단산업의 성공은 기술인재의 충분한 확보가 그 시작점입니다. 기술적 능력을 넘어 열정과 소명감을 갖춘 '히든 히어로'를 얼마만큼 키워낼 수 있느냐가 성패의 관건이 될 것입니다. 물론 그 과정에서 이들을 키워내야 하는 기업에 대한 지원은 필수적으로 이뤄져야 하겠지요. 그래야만 대한민국이 새로운 기술의 물결을 주도할 수 있을 겁니다.

이데일리는 이러한 엄중한 상황 속에서 올해에도 어김없이 최전선의 기술과 현황을 모아 한 권의 책으로 펴냈습니다. 그간 〈세상을 뒤바꿀 미래기술 25〉라는 이름으로 발간되었던 책은 7번째를 맞아 〈2025 핫한 기술, 쿨한 기술 – AI부터 우주까지 더 깊어진 미래기술 15〉(〈미래기술 15〉)로 제호도 바꿨습니다. 크게 '미래 그 자체, AI', '기술 시대의 토대', '기술 이후의 삶'이라는 3가지 줄기 아래 AI, 로봇, 스마트홈, AI 영상 진단, 하이브리드 본딩, CXL(컴퓨트 익스프레스 링크)·PIM(프로세스 인 메모리), 양자과학기술, 디지털 트윈, 클라우드, 액체생체검사, 전고체배터리, SDV(소프트웨어 중심 자동차), 친환경선박, 미래항공모빌리티(AAM), 우주기술 등 심사숙고 끝에 15가지 아이템을 최종 선정해 다뤘습니다. 아이템은 지난해 25가지에서 과

감하게 줄이되, 깊이는 더했습니다. 무엇보다 산업적 관점에서 많은 정보를 담기 위해 힘을 쏟았습니다. 앞서가는 기업들은 어디이고, 그들의 기술적 특징은 무엇이며, 어느 수준에 도달했는지 등을 구체적으로 설명했습니다.

미래기술은 준비하는 사람들의 몫입니다. 마이클 포터(Michael Eugene Porter) 미국 하버드대 교수의 "미래기술이 없으면 성장도 없다"는 제언은 현실에서 더 여실히 증명되고 있지요. 이 책은 각계가 미래기술의 의미와 중요성을 되새겼으면 하는 바람에서 출발했습니다. 그리고 그 초심만큼은 잊지 않으려 합니다. 우리나라, 우리 기업들이 미래기술을 선도하는 날이 올 때까지 이데일리는 멈추지 않겠습니다. 한 걸음 한 걸음 내딛는 그 위대한 여정의 발자국에 감히 밀알 역할을 담당하려고 합니다.

이데일리 산업에디터 이준기

목
차

PART 02
기술 시대의 토대

PART 03
기술 이후의 삶

PART
01

미래 그 자체,
AI

1

인공지능

2024년 생성형 인공지능(AI)의 주요 트렌드는 'AI 비서(AI Agent)'와 '오픈소스(Open Source)'입니다. 검색은 키워드로 물으면 단순하게 웹 문서를 나열하던 데서 벗어나 AI가 정보를 분석하고 대화하듯 답을 제공해주는 AI 검색으로 바뀌고 있습니다. 또한 AI 검색은 PC와 스마트폰을 넘어 자동차, 가전, 로봇 등으로 AI 비서 영역이 확장될 조짐입니다. 2025년 말이면 수십 개의 AI 비서가 경쟁할 전망이지요.

빅테크 격전장 된 AI 비서, 2025년 말 수십 개

2024년 5월 14일, 생성형 AI의 제왕 오픈AI가 공개한 GPT-4o는 인간처럼 보고, 듣고, 말할 수 있는 기능으로 전 세계를 놀라게 했습니다. 텍스트, 이미지, 영상 등 다양한 형식의 데이터를 이해하고 응답하는 멀티모달(multimodal) 기능 덕분에 컴퓨터와의 대화가 더욱 자연스러워졌다는 평가를 받았습니다. 영화 〈Her〉의 AI 비서 '사만다'처럼 사용자와 소통하는 모습을 연상시키며, AI 비서 기술의 새로운 지평을 열었다고 할 수 있죠.

GPT-4o가 출시된 이후, 2024년 8월 29일 기준 챗(Chat)GPT의 주간 활성 사용자 수(WAU)는 2억 명을 돌파하며 2023년 11월의 1억 명에서 1년도 채 되지 않아 2배로 증가했습니다. 또한 〈포춘〉지 선정 글로벌 500대 기업 중 92%가 오픈AI의 제품을 사용하고 있으며, 국내에서도 챗GPT는 가장 인기 있는 생성형 AI 애플리케이션(앱)으로 자리 잡았습니다. 앱·리테일 분석 서비스인 와이즈앱·리테일·굿즈에 따르면 2024년 7월 기준, 국내 챗GPT의 월간 사용자 수는 약 396만 명에 달합니다.

구글의 제미나이(Gemini)도 AI 비서 경쟁에 본격적으로 뛰어들었습니다. 특히, 스마트폰에서 사용할 수 있는 음성 AI 비서인 '제미나이 라이브'를 애플보다 먼저 선보였는데요. 2024년 8월 13일 출시된 제미나이 라이브는 사용자가 "헤이 구글"이라고 부르면 AI가 나와서 정보 검색부터 스마트폰 조작까지 다양한 작업을 해줍니다. 제미나이는 지메일, 구글 지도, 유튜브 등 구글의 자체 서비스와 연동돼 앱 간 전환과 복잡한 명령이 필요하지 않습니다. 또한 구글은 9월 3일 크롬 브라우저의 주소창에 제미나이 AI 챗봇을 통합했습니다. 크롬 사용자들은 주소창에 '@gemini'를 입력해 손쉽게 제미나이에 접근할 수 있게 된 겁니다. 별도의 웹사이트나 앱을 거치지 않고도 간편하게 AI 기능을 활용할 수 있게 된 것이죠. 크롬은 전 세계 브라우저 시장에서 약 60%의 점유율을 차지하고 있습니다.

미국의 AI 검색 유니콘 기업인 퍼플렉시티(Perplexity)도 AI 검색 시장의 강자입니다. 2022년에 오픈AI 출신 아라빈드 스리니바스(Aravind Srinivas)와 메타플랫폼스(Meta Platforms·메타) 출신 데니스 야라츠(Denis Yarats)가 설립한 AI 검색엔진 기업으로, 2024년 1분기에는 월

간 활성 사용자 수(MAU)가 1,500만 명을 기록하는 등 빠른 성장세를 보이고 있지요. 특히 2024년 5월 월스트리트저널(WSJ)이 발표한 챗봇 사용성 평가에서 챗GPT, 마이크로소프트(MS)의 코파일럿(Copilot), 앤트로픽(Anthropic)의 클로드(Claude) 등을 제치고 종합 1위를 차지했을 만큼 인정받고 있습니다. 엔비디아(NVIDIA)의 젠슨 황(Jensen Huang) 최고경영자(CEO)와 델(Dell)의 마이클 델(Michael Dell) 설립자 등이 "매일 사용한다"고 밝혀 관심받기도 했습니다.

이 밖에 일론 머스크(Elon Musk) 테슬라 CEO가 설립한 AI 기업 엑스에이아이(xAI)도 '그록2(Grok-2)'의 베타 버전을 출시했습니다. 그록2는 이미지 생성 기능을 더했으며 월 8달러의 'X(구 트위터)' 프리미엄 구독자만 이용할 수 있습니다. 미국 유니콘 기업인 앤트로픽이 내놓은 '클로드3'의 최상위 버전 '오푸스(Opus)', 메타의 '메타AI'도 있습니다.

글로벌 AI 비서(에이전트) 서비스 현황

출처: 각 사

기업	서비스	특징
오픈AI	GPT-4o	멀티모달 모델, 실시간 대화 및 통역 가능, 감정 파악해 답변
구글	제미나이 라이브	앱 열지 않고 대화 가능, 유튜브 등 기존 구글 앱과 통합
퍼플렉시티	퍼플렉시티	AI 기반 대화형 검색, 실시간 대화 및 통역 가능
앤트로픽	클로드3	멀티모달 모델, 한 번의 명령어 입력으로 최대 20여 개 이미지 분석
메타	메타AI	페이스북/인스타그램/왓츠앱 탑재, 레스토랑 추천 등 가능
엑스에이아이	그록2	이미지·생성 기능, X(옛 트위터) 게시물에 대한 검색 강화

국내 기업들, 한국 문화에 강한 AI 비서로 승부수

국내에서는 네이버, LG, SK텔레콤, KT 등이 AI 비서 경쟁에 뛰어들며 기술개발에 박차를 가하고 있습니다.

네이버는 자체 파운데이션 모델인 '하이퍼클로바(HyperCLOVA)X'를 기반으로 챗봇 '클로바X'와 AI 검색 서비스 '큐(Cue:)'를 출시했습니다. 클로바X에 멀티모달과 음성 비서를 추가했고, PC 버전으로만 제공되는 큐의 모바일 버전 출시도 검토 중에 있습니다. 쇼핑 검색에서는 가구와 인테리어 카테고리의 약 1억 4,000여 개 상품에 대해 이미지와 텍스트를 결합한 검색 기능을 제공해 더욱 정교한 검색 결과를 얻을 수 있도록 했습니다. 하정우 네이버 퓨처AI센터장은 "대한민국 인터넷 검색 시장을 지켜왔던 것처럼 생성형 AI도 네이버가 잘할 수 있는 분야에서 경쟁할 것"이라고 강조했습니다. 이는 △ 네이버가 보유한 200여 개의 일상생활 서비스에 생성형 AI를 통합해 사용자에게 더욱 향상된 서비스를 제공하고 △ 기업시장(B2B) 및 공공영역에서 클라우드 기반의 AI 혁신을 추진하겠다는 전략을 의미합니다.

LG그룹은 자체 파운데이션 모델 '엑사원(EXAONE) 3.0'을 기반으로 한 챗봇 '챗엑사원'을 개발했습니다. 엑사원 3.0은 78억 개의 매개변수(파라미터)를 갖춘 모델로, 2024년 8월에 출시됐습니다. 이는 LG AI연구원이 설립된 지 3년 반 만에 이뤄낸 성과로, 구광모 LG그룹 회장의 전폭적인 지원이 있었기에 가능했습니다. 현재 챗엑사원은 LG 계열사 소속 5,000명의 임직원이 베타테스트에 참여 중이며, 2024년 말 정식 상용화를 목표로 하고 있습니다. 정식 출시 이후에는 LG그룹의 27만 명 임직원이 사용하는 AI 챗봇으로 자리매김할 예정입니다.

SK텔레콤(SKT)은 한국형 AI 검색 서비스 개발을 위해 미국 AI 스타트업 퍼플렉시티와 제휴를 맺고, 1,000만 달러(약 134억 원)를 투자했습니다. 퍼플렉시티도 SKT가 글로벌 AI 비서 시장을 공략하기 위해 설립한 실리콘밸리 자회사 글로벌AI플랫폼코퍼레이션(GAP Co.)에 지분 투자를 계획 중입니다. 정석근 SKT Global/AITech사업부장은 "퍼플렉시티와 협력해 AI가 단순한 답변을 제공하는 것을 넘어, 예약 등 실제 액션까지 수행하는 서비스를 개발하겠다"며 글로벌 AI 비서 시장을 선도하겠다는 의지를 밝혔습니다. 또한, SKT는 퍼플렉시티 외에도 스캐터랩(ScatterLab, 감성형 에이전트), 에이슬립(Asleep, 수면 분석) 등 국내 스타트업의 기술을 '에이닷(A.)'에 접목해 차별화된 AI 경험을 제공하고 있습니다.

KT와 MS는 AI 및 클라우드 시장에서 협력을 강화하기 위해 전략적 파트너십을 체결했습니다. 이 협력에는 오픈AI GPT-4o의 한국형 버전 개발과 MS의 소형 모델인 '파이(Phi)'를 활용한 기업용 AI 개발이 포함됩니다. KT는 이번 파트너십을 통해 국내 기업 및 개인 고객에게 새로운 AI 경험을 제공하고, GPT-4o의 한국어 맞춤형 버전을 개발할 예정입니다. 또한, MS의 AI 비서 코파일럿을 KT 서비스에 통합해 기업용 AI 시장을 적극적으로 공략할 계획입니다. 이를 통해 MS는 KT의 65만 기업과 1,700만 개인 고객에게 혁신적인 AI 서비스를 제공한다는 계획입니다.

스타트업인 뤼튼테크놀로지스(Wrtn Technologies)도 AI 검색에 초점을 맞춰 서비스를 확대하고 있고, 김일두 전 카카오브레인 대표 등 이미지 생성 AI '칼로(Karlo)'를 만든 핵심 인력들이 설립한 스타트업 오픈리서치(Open Research)도 창업 수개월 만에 100억 원의 시드 투자를 완료하며 AI 검색 서비스 시장에 참전했습니다.

국내 개발 파운데이션 모델

출처: 미 연구단체 에포크AI

기업명	모델명
코난테크놀로지	코난 LLM 41B
KT	믿:음 200B
LG	엑사원 1.0, 엑사원 2.0(2024년 8월 공개 3.0은 미집계)
네이버	하이퍼클로바 82B, 하이퍼클로바 204B, 하이퍼클로바X
엔씨소프트	바르코 LLM 2.0 base
삼성	삼성 가우스 Language, 삼성 가우스 Code, 삼성 가우스 Image

오픈소스 생태계가 뜨다… 웹3와 접목 시도도

오픈소스 생태계도 주목받고 있습니다. 오픈AI와 같은 폐쇄형 모델이 생성형 AI 시장을 지배하고 있는 반면, 오픈소스 기반 AI 모델 생태계도 빠르게 확장되고 있습니다. 오픈소스는 소스 코드를 무료로 제공하며 누구나 수정하고 배포할 수 있는 소프트웨어를 의미합니다. AI 분야에서도 '파이토치(PyTorch)', '텐서플로(TensorFlow)', '케라스(Keras)' 등 다양한 딥러닝 프레임워크와 '허깅페이스(Hugging Face)', '엔엘티케이(NLTK)'와 같은 자연어 처리 라이브러리가 제공되고 있습니다.

실리콘밸리의 유력 벤처투자회사인 안드레센호로비츠(a16z)의 조사에 따르면 응답자의 46%가 오픈소스 모델을 선호하거나 매우 선호한다고 답했으며, 69%는 오픈소스 생성형 AI가 데이터 제어와 투명성을 개선할 것이라고 응답했습니다. 현재 일론 머스크의 엑스에이아이, 메타, LG AI연구원 등이 오픈소스 모델을 공개하고 있으며, 많은 스타트업들이 오픈소스 거대언어모델(LLM) 시장에 진입하고 있습니다.

특히 '파이토치 2.0'이 최근 실리콘밸리에서 큰 주목을 받고 있습니다. 리벨리온(Rebellions)의 김홍석 최고 소프트웨어 아키텍트는 "파이토치 2.0을 지원하면 리벨리온의 AI 반도체 생태계 구축에 큰 도움이 될 것"이라고 말했습니다. 파이토치는 딥러닝 구현을 위한 파이썬 기반의 오픈소스 머신러닝 라이브러리로, 2023년 3월 AI 훈련 및 추론 성능이 크게 향상된 2.0 버전이 공개됐습니다.

하지만 '깃허브(GitHub)' 같은 오픈소스 모델을 서비스하는 곳에서 수익을 내는 것은 여전히 도전 과제입니다. 전통적인 오픈소스 비즈니스 모델을 채택하는 경향이 있지만, 오픈소스 AI 시장에서의 수익성 확보는 아직 불확실합니다.

이에 따라 오픈소스 AI만으로는 부족하며 블록체인(웹3) 기술의 접목이 필요하다는 의견이 있습니다. AI가 지배하는 시대에는 데이터가 원료인 만큼, 오픈소스 커뮤니티의 중요성이 커지고 있지만 스마트 컨트랙트를 통해 적절한 보상 시스템을 구축해야 한다는 말입니다. 스마트 컨트랙트는 계약 당사자 간의 거래 내용을 코드로 기록하고, 계약 조건이 충족되면 자동으로 이행되는 시스템입니다.

파이썬 기반 오픈소스 운영체제 개발사인 아나콘다(Anaconda)의 공동 창립자 피터 왕(Peter Wang) 박사는 "스태빌리티 AI(Stability AI)와 같은 오픈소스 AI 모델에 협업을 활성화하는 것이 중요하다"며 "오픈AI나 앤트로픽 같은 중앙화된 AI는 수억 달러를 지불하고 데이터셋을 구매하지만, 오픈소스 AI는 데이터를 제공하는 공급자에 대한 적절한 보상이 없다. 스마트 컨트랙트로 모든 참여자를 효과적으로 연결하면 기하급수적인 네트워크 효과를 얻을 수 있을 것"이라고 말했습니다.

미래산업 경쟁력을 좌우할 소버린 AI 구축 전쟁

세계 각국은 AI 기술 주권 확보를 위해 '소버린 AI' 구축에 집중하고 있습니다. 소버린 AI란 자국의 인프라, 데이터, 인력, 비즈니스 네트워크를 활용해 독립적으로 AI 기술을 개발하고 운용하는 것을 의미하며, 이는 각국의 미래 산업 경쟁력을 결정짓는 핵심 요소로 자리 잡고 있습니다.

미국, 일본, 프랑스, 캐나다 등 주요 국가들은 AI 기술개발에 적극적인 투자를 하고 있습니다. 미국은 '칩스법'을 통해 인텔(Intel)과 TSMC에 수십억 달러의 보조금을 지원했고, 일본은 AI 생태계 확장을 위해 소프트뱅크에 680억 원의 보조금을 지급한 데 이어, 2024년 3,700억 원을 추가 지원하며 AI 생태계 확장을 도모하고 있습니다. 프랑스는 2023년부터 20억 유로(약

2조 8,000억 원)에 달하는 AI 스타트업 지원 프로그램을 시작했으며, 그 결과 기업가치 8조 원의 '미스트랄 AI(Mistral.ai)'가 탄생했습니다. 캐나다도 2조 4,000억 원을 투자해 AI 연구를 촉진하고 있습니다.

한국도 '국가AI컴퓨팅센터'를 설립하고 AI 컴퓨팅 파워를 2030년까지 15배 이상 확충할 계획을 세우는 등 적극 대응하고 있습니다. 목표는 2EF(엑사플롭스) 이상의 AI 컴퓨팅 파워를 확보하는 것입니다. 엑사플롭스란 1초에 100경 번의 부동소수점 연산을 처리할 수 있는 단위로, AI 모델의 훈련 및 추론 속도를 극대화할 수 있는 기술적 기반이 됩니다.

AI 독점 방지와 투명성 확보의 중요성

소버린 AI는 AI 기술의 독점 방지와 민주주의 원칙 준수 측면에서도 중요합니다. 에마드 모스타크(Emad Mostaque) 전 스태빌리티AI(Stability AI) CEO는 과학기술정보통신부가 주최한 '글로벌 AI 안전 컨퍼런스'에서 "대부분의 LLM이 영어에 기반을 두고 있어 다른 국가들의 결과물에 대한 제어권이 제한적"이라면서 "각국이 AI 기술개발 과정에서 자국의 데이터를 제대로 반영하고, 투명성을 확보해 독립적인 거버넌스를 수립할 필요가 있다"고 언급했습니다.

AI 파운데이션 모델 개발에도 각국의 데이터 및 개인정보보호 정책을 준수하는 것은 매우 중요합니다. 선도적인 역할을 하는 기업으로는 네이버와 LG AI연구원이 있습니다. 네이버는 자체 모델인 하이퍼클로바X를, LG는 엑사원 3.0을 보유하고 있습니다. 특히 네이버는 자체 모델로 사우디아라비아 LLM 프로젝트에 참여하는 등 수출에도 성공한 대한민국 대표 AI 기업이지요.

SKT는 자체 모델 '에이닷엑스(A.X)'와 더불어 퍼플렉시티 및 앤트로픽

국가별 초거대 AI 파운데이션 모델 수

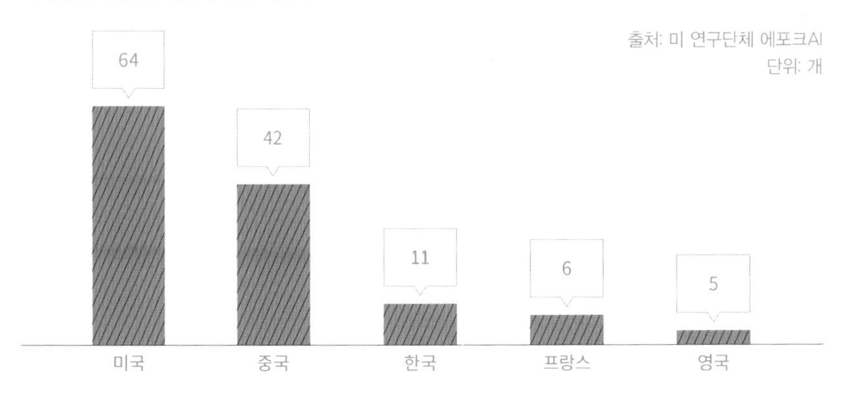

등과 협력하여 한국 데이터와 규제를 준수하는 '에이닷'을 출시했으며, KT는 MS와 협력해 GPT-4 기반 한국어 모델 개발과 자체 모델 '믿:음'의 차기 버전 개발에 주력하고 있습니다.

한국 AI 모델, 12개 이상… 선두 업체에 대한 지원 절실

미국 민간 연구단체 에포크AI(EPOCH AI)에 따르면 한국의 파운데이션 모델 수는 현재 총 11개로, 미국(64개)과 중국(42개)에 이어 세계 3위에 해당합니다. 에포크AI는 스탠포드대 인간중심AI연구소(HAI)에서 발간하는 'AI 인덱스'의 머신러닝 모델 현황 데이터를 제공합니다.

한국의 주요 파운데이션 모델로는 KT의 믿:음, LG의 엑사원 1.0과 엑사원 2.0, 네이버의 하이퍼클로바 시리즈 3종, 엔씨소프트의 '바르코(VARCO)', 삼성전자의 '삼성 가우스' 시리즈 3종, 그리고 코난테크놀로지의 '코난 LLM'이 꼽혔습니다. LG가 2024년 8월에 엑사원 3.0을 공개해 한국의 파운데이션 모델 수는 최소 12개 이상에 이르는 것으로 평가됩니다.

이에 일각에서는 글로벌 빅테크들과 경쟁하기에 한국이 너무 많은 파운데이션 모델을 보유하고 있는 것 아니냐며, 한국전자통신연구원(ETRI) 등

출연연구기관이 중심이 돼 '대한민국형 LLM'을 공동으로 개발하자는 제안도 나옵니다.

그러나 실현 가능성이 낮다는 지적입니다. 각 모델이 학습한 데이터가 다르고, 그 데이터에는 파트너사의 자료도 포함돼 있어 이를 공유할 경우 지적재산권 문제가 발생할 수 있다는 겁니다. 개발된 기술에 대한 라이선스 문제 역시 걸림돌이 될 수 있습니다. 오히려 경쟁력을 갖춘 역량 있는 기업에 대한 집중적인 지원이 필요하다는 의견이 힘을 얻는 모습입니다.

엑사원 도입한 LG전자 콜센터 1위

LG AI연구원이 자체 개발한 생성형 AI 파운데이션 모델 엑사원 3.0이 LG그룹의 전자, 화학, 통신 등 계열사에 도입될 것으로 보입니다. LG AI연구원의 최정규 상무는 이같이 밝히면서 "엑사원 3.0을 오픈소스로 공개하면서 ACL 학회에 논문을 제출하고 국제 특허도 출원했다"고 말했습니다. ACL(Association for Computational Linguistics)은 세계 3대 자연어처리(NLP) 학회 중 하나입니다.

LG AI연구원이 2024년 8월 공개한 엑사원 3.0은 78억 개의 파라미터를 가진 AI 모델로, LG 계열사의 AI 기술 고도화에 기여하고 있습니다. 2020년 12월 구광모 회장의 지원으로 설립된 LG AI연구원은 3년 반 만에 글로벌 수준의 AI 모델을 개발했습니다.

엑사원 3.0은 외부 서비스용으로는 공개되지 않았지만, LG 계열사들은 보유 데이터를 활용해 엑사원 3.0을 최적화(파인튜닝)한 뒤 다양한 용도로 활용하고 있습니다. 최 상무는 "LG전자의 AI 콜센터(AICC)에 엑사원을 도입해 상담원 업무 보조, 요약 및 정리 기능을 지원하고 있는데, 한국표준협회가 주관하는 콜센터 품질지수(KS-CQI) 평가에서 65개 업종, 270개 기업 및 기관 중 1위를 차지했다"면서 "LG유플러스의 U+tv에 도입된 상태이며, 조만간 다양한 온디바이스 제품군에도 탑재될 예정"이라고 했습니다. 온디바이스 AI란 서버나 클라우드와의 연결 없이 모바일 기기 자체에서 정보를 처리하는 기술을 의미합니다.

영어 데이터가 한국어 성능에 미치는 영향으로 논문

LG AI연구원의 생성형 AI 모델 엑사원 3.0은 글로벌 오픈소스 AI 생태계에서 최상위 성능을 입증했습니다. △ MT-Bench △ AlpacaEval-2.0 △ Arena-Hard △ WildBench 등 총 13개 벤치마크 중 코딩, 수학 등 실제 사용성 평가에서 모두 1위를 기록했습니다. 메타의 '라마(LLaMA) 3.1'과 구글의 '젬마(GEMMA) 2' 등 글로벌 오픈소스 AI와 비교해도 뛰어난 성능입니다.

한국어 처리 성능에서는 세계 최고 수준을 기록했습니다. 최 상무는 "AI 학습 데이터의 대부분이 영어로 구성되기 때문에 한국어 성능을 높이는 것이 쉽지 않다"면서 "영어 데이터가 한국어에 미치는 영향을 밝혀내, ACL 학회에 논문을 발표하고 글로벌 특허도 출원했다"고 설명했습니다. LG AI연구원의 전체 인력은 약 300명으로, 이 가운데 240여 명이 연구 인력입니다. 대부분 석사와 박사학위를 보유한 전문가들이라고 합니다.

최 상무는 LG AI연구원의 글로벌 인지도를 언급하며, "ACL 학회에서 논문을 발표하고 부스를 운영했을 때 메타, 아마존, 알리바바, IBM과 같은 글로벌 IT 기업들이 옆에 있었다. 교수님들로부터 그간 외부에 공개되지 않아 많은 궁금증을 자아냈던 LG의 AI 기술이 글로벌 수준에 도달했다는 좋은 평가를 받았다"고 전했습니다.

파라미터 78억 개는 산업계 니즈, 오픈소스 공개

AI 모델의 성능을 좌우하는 요소 중 하나가 바로 파라미터 크기입니다. 엑사원 3.0은 78억 개의 파라미터를 갖고 있습니다. 최 상무는 "78억 개의 파라미터는 GPU(그래픽처리장치) 한 장에 올릴 수 있는 최대 사이즈로, 산업계에서 필요로 하는 최적의 크기를 고려해 전략적으로 설계한 것"이라고 했습니다. AI 모델의 크기를 무조건 늘리는 것이 능사가 아니라, 실제 사용 환경과 기술적 제약을 반영해 최적의 크기로 조정하는 것이 더 중요하다는 의미입니다.

엑사원 3.0은 오픈소스로 공개돼 지지를 받고 있기도 합니다. 그는 "오픈소스로 공개해 우리의 기술 발전 과정을 보여주고, 이를 통해 국내외에서 LG AI연구원의 기술력을 인정받아 더 많은 협력 기회를 창출하기를 기대한다"고 했습니다. 엑사원 3.0은 연구 용도로는 무료로 사용할 수 있으며, 상업적 용도로는 라이선스 비용이 발생합니다. 단순히 모델의 크기에 집중하기보다는 최적화된 성능과 효율적인 사용성을 강조하며, 글로벌 AI 생태계에서 새로운 입지를 다지기 위한 포석이라고 볼 수 있습니다.

한편 LG AI연구원이 출범하기까지는 약 2년간의 태스크포스(TF) 작업이 있었다고 합니다. 그는 "AI 시대에 맞는 인재 양성을 위해 직급이 아닌 성과 중심으로 인사제도가 돼 있다"며 "기업들이 AI 개발에 전념할 수 있도록 별도의 조직을 구축하는 것이 중요하다"고 언급했습니다.

2

로봇

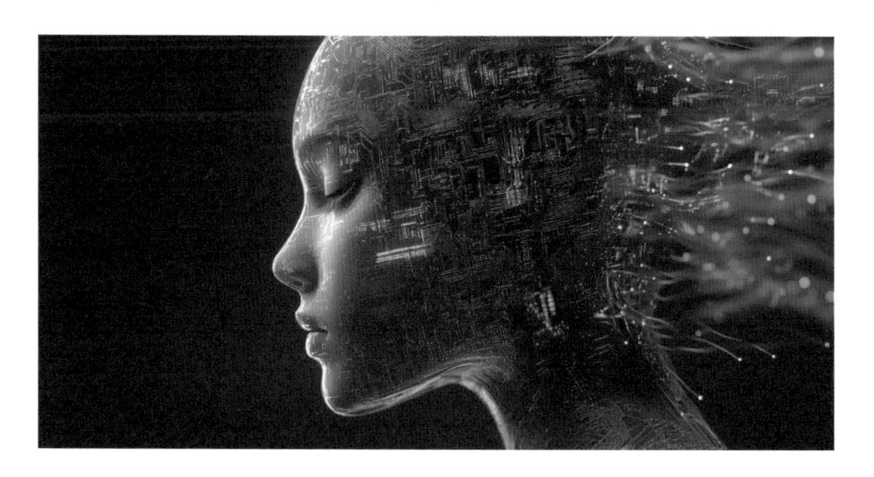

최근 전 세계적으로 로봇에 대한 연구·개발(R&D)과 실증 열기가 뜨겁습니다. 우리는 왜 로봇을 필요로 할까요? 그리고 인간과 로봇이 함께하는 미래는 어떤 모습일까요?

한국민족문화대백과사전에 따르면, 로봇은 '인간과 유사한 모습과 기능을 가진 자동기계'를 의미합니다. 로봇이라는 용어는 체코슬로바키아의 극작가 카렐 차페크(Karel Capek)가 1921년에 발표한 희곡 〈로숨의 유니버설 로봇(Rossum's Universal Robots, R.U.R.)〉에서 처음 사용된 것으로 알려져 있습니다. 로봇이라는 단어의 어원은 체코어로 노동, 노예, 혹은 힘들고 단조로운 일을 의미하는 '로보타(robota)'에서 유래했습니다.

이처럼 로봇의 개념과 역할은 인간의 노동을 대체하는 데서 출발했습니다. 이후 로봇이라는 용어는 널리 일반화됐고, 오늘날에는 인공지능(AI) 기술과 융합하여 더 넓은 범위에서 활용되고 있습니다. 단순히 산업현장에서의 제조용 로봇을 넘어, 자율주행기술을 탑재한 서비스용 로봇, 그리고 인간의 형상을 닮아 상호작용이 가능한 휴머노이드(Humanoid) 로봇 등 다양한 형태로 발전하고 있습니다.

국내·외 로봇 시장 예측보다 빠르게 성장

로봇산업은 최근 빠르게 성장하고 있습니다. 국제로봇연맹(IFR)에 따르면, 글로벌 로봇 시장은 2021년 282억 달러(약 38조 원, 환율 1달러=1,334원 기준)에서 2030년에는 약 3배에 달하는 831억 달러(약 111조 원) 규모로 성장할 전망입니다. 이는 연평균 성장률(CAGR) 약 13%에 해당합니다.

또한 글로벌 인수·합병(M&A) 자문 기업인 벤치마크인터내셔널(Benchmark International)이 2024년 9월 발표한 '2024 글로벌 로보틱스산업 보고서'에 따르면, 전 세계 로봇 시장은 2023년 460억 달러(약 61조 원)에서 연평균 15.1% 성장해 2032년에는 1,698억 달러(약 227조 원)에 이를 것으로 전망하고 있습니다. 이는 기존 예측보다 더 높은 성장률을 반영한 수치입니다.

국내 로봇 시장도 꾸준히 성장하고 있습니다. 한국로봇산업진흥원과 한국로봇산업협회가 2023년 6월부터 8월까지 조사한 후 연말에 발표한 '2022년 로봇산업 실태조사 결과 보고서'에 따르면, 국내 로봇 관련 사업체 수는 2020년 4,340개에서 2021년 4,471개, 2022년에는 4,505개로 매년 증가하고 있는 것으로 나타났습니다. 이는 국내 로봇산업이 지속적으로 확장되고 있으며, 관련 기업들의 성장세가 유지되고 있음을 보여줍니다.

저출생 고령화, 서비스용 로봇 시장 확대 전망

로봇 시장은 크게 '산업용(제조업용)'과 '서비스용'으로 구분됩니다. 서비스용 로봇은 다시 '전문 서비스용'과 '개인 서비스용'으로 세분화됩니다. 이 외에도 로봇 제조를 위한 부품과 완성된 로봇을 운용하거나 제어할 수 있는 소프트웨어 시장으로도 나눌 수 있습니다.

한국로봇산업진흥원과 한국로봇산업협회가 발표한 '2022년 로봇산업 실태조사 결과 보고서'에 따르면, 국내 로봇산업의 4대 분야 매출은 2021년 5조 6,083억 원에서 2022년 5조 8,933억 원으로 약 5.1%(2,850억 원) 증가했습니다. 특히, 같은 기간 서비스용 로봇(전문+개인) 분야의 매출은 9,076억 원에서 9,823억 원으로 약 8.2%(747억 원) 늘어나며 가장 큰 성장을 기록했습니다.

업계는 저출생 및 고령화 등의 요인으로 인해 이르면 2025년 이후부터 서비스용 로봇이 산업용 로봇의 시장규모를 추월할 것으로 보고 있습니다. 이는 서비스용 로봇이 AI, 사물인터넷(IoT), 빅데이터와 같은 첨단기술과 결합해 활용 범위와 효율성을 크게 확장하고 있기 때문입니다.

① 산업용 로봇

주로 제조업에서 자동화된 작업을 수행하며, 자동차와 전자산업에서 조립, 용접, 검사 등 반복적인 작업을 통해 생산성 향상과 비용 절감에 기여합니다. 4차 산업혁명과 스마트팩토리 확산에도 중요한 역할을 합니다. IoT와 연결된 로봇은 스마트팩토리 구축의 핵심 요소로, 실시간 데이터 분석을 통해 생산 공정을 최적화할 수 있습니다.

② 전문 서비스용 로봇

의료, 헬스케어, 물류 분야에서 활용됩니다. 예를 들어, 수술용 로봇인 다빈치 수술 시스템은 정밀한 수술을 가능하게 하여 의료의 질을 향상시킵니다. 재활 및 노인 돌봄 로봇 역시 빠르게 도입되고 있습니다.

자율주행기술을 탑재한 물류 로봇은 창고 관리, 재고 처리, 자율 배송 등에서 중요한 역할을 하며, 물류 효율성을 크게 개선할 것으로 예상됩니다. 또한 공항, 호텔, 쇼핑몰 등 공공 및 상업 시설에서 안내, 청소, 주차, 보안 등 맞춤형 서비스를 제공하는 로봇도 늘어나고 있습니다.

③ 개인 서비스용 로봇

가정용 로봇으로, 로봇 청소기, 로봇 잔디깎이 등이 대표적인 예입니다. 이러한 로봇들은 점차 지능화되어 일상생활에서 가사나 취미 활동을 지원하고 있습니다. 나아가 교육, 엔터테인먼트, 반려 로봇도 대중화되고 있습니다. 감정 인식 및 소통 능력을 갖춘 로봇은 고령자나 1인 가구의 동반자로서 정서적 지원과 인간적인 상호작용을 제공할 수 있는 방향으로 발전하고 있습니다.

④ 로봇 부품 및 소프트웨어

부품

○ 센서 로봇이 외부환경을 인식하고 반응하는 데 필수적인 요소로, 자율주행로봇(AMR) 등에 카메라, 라이다(LiDAR), 초음파센서, 온도센서, 가속도계 등이 활용되어 복잡한 환경 데이터를 실시간으로 수집하고 제어할 수 있습니다.

○ 모터 및 액추에이터 로봇의 기계 부품을 실제로 움직이는 장치로, 서보 모터, DC 모터, 스텝 모터 등 다양한 모터가 각 로봇의 목적에 맞게 선택됩니다. 최근에는 고성능·저전력·고정밀 제어에 대한 수요가 급증하고 있습니다.

소프트웨어

○ 로봇 운영체제(ROS) 로봇 애플리케이션(앱) 개발을 지원하는 로봇 개발 표준 플랫폼으로, 오픈소스 기반의 소프트웨어 프레임워크를 통해 개발자들이 다양한 알고리즘과 코드를 공유하고 협업할 수 있도록 합니다.

○ AI 머신러닝과 딥러닝 알고리즘을 통해 환경 데이터를 분석하고, 새로운 상황에 대응하며, 작업을 최적화하는 학습 능력을 갖추게 됩니다.

○ 컴퓨터 비전 로봇이 시각 정보를 처리하고 인식하는 기술로, 자율주행 로봇과 드론에서 중요한 역할을 담당합니다.

○ 로보틱스 시뮬레이션 로봇의 동작을 실제 환경에 적용하기 전 가상 환경에서 테스트하고 최적화할 수 있는 도구로, 성능 향상에 기여합니다.

○ 제어 알고리즘 PID(비례·적분·미분) 제어, 적응형 제어, 강화 학습 기반 제어 등을 통해 로봇의 동작을 제어하고 안정적인 운용을 가능하게 합니다.

○ 클라우드 플랫폼 클라우드 컴퓨팅을 활용해 로봇이 더 많은 데이터를 실시간으로 처리하고 원격제어 및 모니터링을 가능하게 하는 기술도 빠르게 발전하고 있습니다.

이처럼 로봇산업은 제조, 서비스, 부품 및 소프트웨어 등 다양한 분야에서 고르게 발전하고 있으며, 향후 로봇의 활용 가능성은 더욱 넓어질 전망입니다.

IFR이 2024년 2월 발표한 보고서에 따르면, 전 세계 작동 중인 로봇의 숫자는 약 390만 대로 역대 최고치를 기록했습니다. IFR은 로봇 수요가 여러 기술혁신에 의해 주도되고 있다고 분석하며, '2024 로보틱스 트렌드 TOP 5'로 다음 5가지를 선정했습니다.

① AI 생성형 및 예측형 AI와 머신러닝을 통해 로봇의 지능과 예측 능력을 더욱 강화

② 협동 로봇(Co-Bot) 기존 산업을 넘어 새로운 앱으로 확장하는 협동 로봇

③ 모바일 매니퓰레이터(Mobile Manipulator) 제조용 로봇팔과 AMR을 결합해 다양한 작업을 수행하는 이동형 조작 로봇

④ 디지털 트윈(Digital Twin) 가상공간과 현실의 사물 간 격차를 메우는 기술로, 로봇의 시뮬레이션 및 최적화에 기여

⑤ 휴머노이드 로봇(Humanoid) 다양한 환경에서 복잡한 작업을 수행하도록 설계된 인간형 로봇

마리나 빌(Marina Bill) IFR 회장은 "2024년에 주목할 5가지 주요 자동화 트렌드는 로봇공학이 지능형 솔루션을 만들기 위해 여러 기술과 학문이 융합되는 분야임을 보여준다"며 "산업 간 합종연횡과 함께 서비스 로봇의 다양화가 이뤄지고 있으며, 이를 통해 인간 업무의 미래를 엿볼 수 있다"고 분석했습니다.

인간을 닮은 휴머노이드 로봇 상용화 위해 기술개발 격화

특히 AI 기술과 결합한 휴머노이드 로봇의 급성장이 기대되고 있습니다. 글로벌 시장조사업체 데이터브리지마켓리서치(Data Bridge Market Research)에 따르면, 세계 휴머노이드 로봇 시장규모는 2023년 17억 3,000만 달러(약 2조 3,000억 원)에서 2031년 232억 4,000만 달러(약 31조 원)로 성장할 전망입니다. 업계에 따르면, 현재 휴머노이드 로봇의 가격은 상업용 모델이 3만~10만 달러(약 4,000만~1억 3,000만 원)이며, 연구용 고

급 모델의 경우 20만 달러(약 2억 6,000만 원)로 형성돼 있습니다.

글로벌 대기업부터 스타트업까지 다양한 기업들이 이 시장에 뛰어들어 상용화를 위한 기술개발과 사업화에 힘을 쏟고 있습니다. 각자의 경쟁력을 보유한 주요 글로벌 로보틱스 기업 5곳의 사례를 소개합니다.

사람과 직접 대화가 가능한 피겨의 휴머노이드 로봇 피겨02.

① 피겨(Figure)

2022년에 설립된 미국 AI 로보틱스 스타트업 피겨는 2024년 3월, 챗(Chat)GPT 개발사인 오픈AI와 협업해 제작한 첫 휴머노이드 로봇 '피겨01'을 공개했습니다. 이후 8월에는 신형 모델 '피겨02'를 선보이며, BMW 그룹의 미국 사우스캐롤라이나주 스파르탄버그 공장 차체 제작 공정에 투입했습니다.

BMW는 피겨02가 공장에서 차체용 금속부품을 설비 내 정확한 위치로 옮기는 작업을 성공적으로 수행했다고 발표했습니다. 피겨02는 오픈AI와 협력해 개발한 맞춤형 AI 모델을 탑재하고, 마이크와 스피커를 연결해 로봇과 사람이 직접 대화할 수 있는 기능을 갖추고 있는 것이 특징입니다.

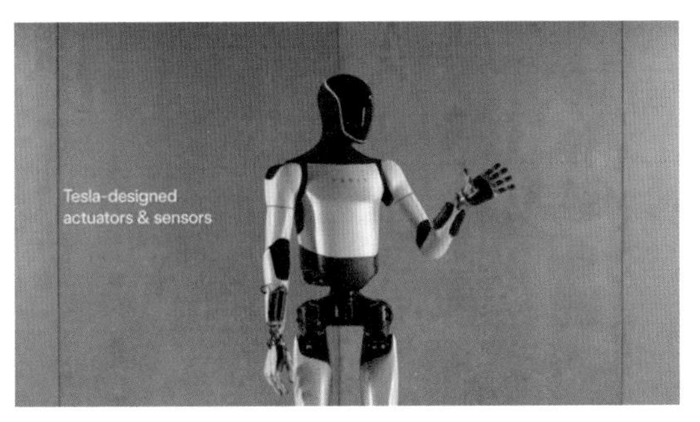

범용 로봇 개발을 꾀하는 테슬라의 옵티머스 2세대.

② 테슬라(Tesla)

2003년에 설립된 미국 전기차 및 자율주행기술 기업 테슬라는 최근 자체 개발한 휴머노이드 로봇 '옵티머스(Optimus)'로 로봇산업에 본격적으로 진출했습니다. 테슬라는 2024년 6월, 옵티머스 2대를 자사 자동차 공장에 처음으로 배치해 단순 작업을 수행하도록 했으며, 연말까지 추가 투입해 실전 경험을 더욱 쌓게 할 계획입니다.

테슬라는 장기적으로 휴머노이드 로봇이 가정 내 가사 및 쇼핑과 같은 일상적인 업무를 처리하는 데 활용될 수 있을 것으로 보고, 범용 로봇 개발에 집중하고 있습니다. 일론 머스크(Elon Musk) 테슬라 최고경영자(CEO)는 2023년 12월 공개한 '옵티머스 2세대'의 가격을 대당 2만 달러(약 2,600만 원) 수준으로 설정해 대중화하겠다는 목표를 밝혔습니다.

③ 유니트리로보틱스(Unitree Robotics)

중국 로봇 개발 스타트업 유니트리로보틱스는 2024년 5월, 공장과 가정에서 모두 사용할 수 있는 휴머노이드 로봇 'G1'을 출시했습니다. 특히 눈길을 끄는 점은 가격이 1만 6,000달러(약 2,100만 원)로 비교적 저렴하다는 것입니다. 이러한 파격적인 가성비 전략은 중국이 미국과의 '로봇 패권 전쟁'에

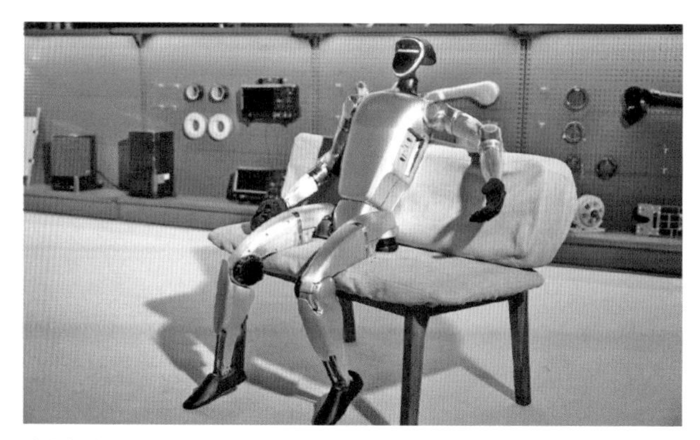

가성비 전략으로 로봇 패권 노리는 유니트리로보틱스의 G1.

서 경쟁우위를 확보하기 위한 행보라는 분석도 나오고 있습니다.

G1은 유니트리로보틱스가 2023년 처음 선보인 휴머노이드 로봇 'H1'의 업그레이드 버전으로, 두 발로 걷고 각 팔에 3개의 손가락이 달려 프라이팬으로 음식을 조리하거나 호두를 까는 등의 집안일을 수행할 수 있습니다.

중국은 휴머노이드 로봇산업 지원에도 적극적으로 나서고 있습니다. 2023년 11월, 베이징 이좡 경제기술개발구에 성(省)급 규모의 '베이징휴머노이드로봇혁신센터'를 설립하고, 2024년 4월에는 이곳에서 개발한 세계 최초의 전기 휴머노이드 로봇 '톈궁(天工)'을 선보였습니다. 이러한 움직임은 중국이 로봇산업의 혁신을 주도하고 글로벌시장에서 경쟁력을 강화하려는 전략으로 해석됩니다.

④ 보스턴다이내믹스(Boston Dynamics)

1992년에 미국에서 설립된 로보틱스 기업 보스턴다이내믹스는 2020년 사족보행 로봇 '스폿(Spot)'과 2023년 물류 로봇 '스트레치(Stretch)'를 출시한 데 이어, 2024년 4월 휴머노이드 로봇 '아틀라스(Atlas)'의 새 모델인 '올 뉴 아틀라스'를 선보였습니다. 이번 모델은 기존의 유압식 액추에이터(관절

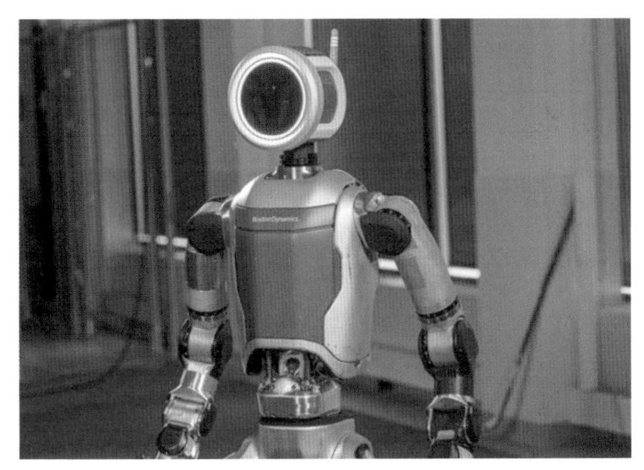

현대자동차그룹의 자회사인 보스턴다이내믹스의 올 뉴 아틀라스.

장치)를 전동식으로 개선해 더욱 정밀한 움직임과 성능을 갖추고 있습니다.

보스턴다이내믹스는 2021년 현대자동차그룹이 소프트뱅크로부터 지분 80%를 11억 달러(약 1조 4,500억 원)에 인수하면서 현대차그룹의 자회사로 편입됐습니다. 보스턴다이내믹스는 현대자동차그룹과의 파트너십을 통해 수년 내에 올 뉴 아틀라스의 개념검증(PoC)을 진행하고, 이를 차세대 자동차 제조공정에 투입할 계획입니다.

보스턴다이내믹스의 로버트 플레이터(Robert Playter) CEO는 2024년 9월 서울에서 열린 세미나에서 "휴머노이드 로봇이 3~5년 내에 공장에서 유용한 작업을 수행할 수 있을 것"이라며 "아직 시제품 단계지만, 현대자동차그룹의 지원을 받아 대규모 상용화를 추진할 계획"이라고 밝혔습니다.

⑤ 레인보우로보틱스(Rainbow Robotics)

2011년 설립해 코스닥에 상장한 국내 로봇 플랫폼 기업 레인보우로보틱스는 협동 로봇 'RB' 시리즈, 사족보행 로봇 'RBQ' 시리즈, 이동형 양팔 로봇 'RB-Y1', 이족보행 휴머노이드 로봇 '휴보(HUBO)2' 등 다양한 연구·개

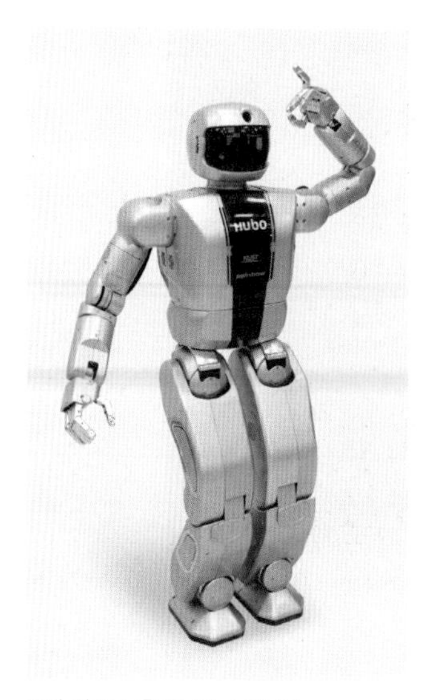

국내 최초로 휴머노이드 로봇을
개발한 카이스트 연구진이 설립한
레인보우로보틱스의 이족보행 로봇 휴보2.

발과 상용화에 박차를 가하고 있습니다. 레인보우로보틱스는 2004년 국내 최초의 휴머노이드 로봇인 '휴보'를 개발한 한국과학기술원(KAIST·카이스트) 연구진에 의해 설립됐습니다.

특히 삼성전자는 레인보우로보틱스에 2023년 1월 599억 원, 3월 278억 원을 투자하며 14.71%의 지분을 보유하게 됐습니다. 또한 2029년까지 지분을 59.94%로 확대할 수 있는 주식매수청구권 계약을 체결했습니다. 삼성전자는 2030년까지 반도체 무인 공정을 구현하기 위한 로봇 연구와 검증에 집중하고 있습니다. 이러한 전략적 파트너십은 레인보우로보틱스의 성장과 기술 발전에 큰 기여를 할 것으로 기대됩니다.

로봇산업의 미래는 기술의 혁신, 사회적 변화, 경제적 수요에 의해 크게 확장될 것으로 전망됩니다. 로봇은 단순한 기계에서 벗어나 자율성과 지능을 갖춘 시스템으로 진화하며, 다양한 산업에서 필수적인 역할을 하게 될 것입니다.

자율성이 증가함에 따라 로봇은 사람의 개입 없이 더 많은 작업을 스스로 수행할 수 있게 될 것입니다. AI와의 융합으로 더욱 스마트하고 적응력이 뛰어난 로봇이 등장할 것으로 기대됩니다. 특히 서비스 분야에서는 가정, 의료, 물류 등 다양한 영역에서 서비스 로봇의 사용이 증가할 것입니다.

또한, 소형·저비용 로봇 시장도 주목받고 있습니다. 중소기업이나 스타트업 등 소규모 작업장을 위한 사용이 쉽고 설치 비용이 적은 소형 협동 로봇은 자동화의 문턱을 낮추는 중요한 역할을 할 것입니다.

로봇 부품 및 소프트웨어 분야 역시 기술 발전과 시장 수요에 따라 더욱 빠르게 상호 보완적으로 발전해, 로봇이 더 똑똑하고 효율적으로 움직일 수 있도록 할 것입니다. 특히 소프트웨어 분야에서는 혁신적인 중소기업과 스타트업들이 새로운 알고리즘 및 AI 기반 솔루션을 개발하고, 대기업들과의 협업을 통해 빠르게 성장할 것입니다.

이와 함께 글로벌 경쟁이 가속화되고 있습니다. 한국을 비롯한 미국, 유럽, 일본, 중국 등 주요 국가들이 기술력을 강화하기 위해 산업계 및 학계의 연구·개발 지원을 강화하고 있으며, 이는 로봇산업의 경쟁력을 더욱 높이는 데 기여할 것입니다.

로봇산업 화두는 사람처럼 대화·노동하는 휴머노이드

"휴머노이드 로봇에 AI 기술을 이용해 스스로 일하는 방법과 지식을 체계적으로 축적하면, 사람처럼 다양한 업무를 수행하는 시스템으로 발전할 수 있다는 희망을 품어볼 수 있습니다."

유범재 한국과학기술연구원(KIST·키스트) AI·로봇연구소 휴머노이드연구단 책임연구원(박사)은 "요즘 화두는 단연 AI와 휴머노이드"라며 미래 로봇에 대해 이같이 전망했습니다. 그는 서울대 제어계측공학과를 졸업하고 카이스트에서 전기·전자공학 석사와 박사 학위를 받았습니다. 현재 연구단에서 시각 기반 로보틱스, 실감 교류 솔루션, 네트워크 기반 휴머노이드, 임베디드 시스템 등을 담당하고 있습니다.

유 박사는 로봇산업을 진단하면서, 궁극적으로는 사람처럼 대화하고 자유롭게 움직이며 다양한 역할을 수행하는 휴머노이드 로봇 중심으로 갈 것으로 내다봤습니다. 머신러닝과 거대언어모델(LLM) 등 AI 기술을 기반으로 어떤 명령을 내리면 업무를 스스로 계획해 수행하는 능력을 갖춘 휴머노이드 로봇의 탄생이 머지않았다며 피겨와 테슬라 사례를 소개했습니다.

미국 AI 로보틱스 스타트업 피겨는 2024년 3월 챗GPT 개발사 오픈AI와 협업해 제작한 휴머노이드 로봇 피겨01의 시연 비디오를 공개한 바 있습니다. 이 영상에서 이용자가 "먹을 걸 달라"고 요구하니 로봇은 테이블에 놓여 있는 사과를 주워들고 사람에게 건네줍니다. 이용자가 일부러 사과를 지목하지 않아도 테이블 위에 있는 여러 물체 중에 사과가 유일한 식품이라는 걸 이해한 행동이었죠.

유 박사는 "아직은 초보적인 단계지만 휴머노이드 로봇의 콘셉트를 잘 보여준 것"이라며 "테슬라는 전기차 생산 공장이라는 제한된 환경 안에서 학습한 휴머노이드 로봇을 부품 이동 등 반복 작업에 투입하는 것을 준비하고 있다"고 말했습니다.

이어 "미국에서 제조 공장 노동자와 노인 케어 인력이 갈수록 부족해지는 상황"이라며 "이를 휴머노이드 로봇으로 대체하면 일정 부분 경쟁력을 이어갈 수 있다고 보고, 최근 AI 기술과 결합해 노동 현장에 투입하는 시도를 하는 것"이라고 분석했습니다.

그러면서 유 박사는 국내 상황도 마찬가지라고 진단했습니다. 맞벌이 부부가 늘면서 가사 노동 인력이 줄고, 고령화로 늘어나는 노인들을 돌보고 간병할 수 있는 인력이 부족한 상황에서 미래 사회의 안전과 지속을 위해 AI가 탑재된 휴머노이드 로봇이 주목을 받고 있다는 것이죠.

아울러 그는 최근 전 세계적으로 점차 상용화가 이뤄지고 있는 자율주행 자동차 등 미래형 이동 수단도 AI 기술 발전과 함께 휴머노이드 로봇 산업의 성장을 견인할 것으로 봤습니다. 글로벌 투자은행(IB) 골드먼삭스

(Goldman Sachs)는 2035년 휴머노이드 로봇 시장규모가 380억 달러(약 51조 원), 로봇 출하량은 140만 대에 이를 것으로 전망했습니다.

유 박사는 미국과 중국이 주도하는 글로벌 로봇 시장 속에서, 한국이 IT·반도체·자동차·이차전지 등 강점이 있는 주요 산업과 시너지를 바탕으로 고유한 경쟁력을 확보해야 한다고 강조했습니다. 이를 위해 정부뿐만 아니라 민·관·산·학·연이 함께 하는 지속적이고 집중적인 지원이 필요하다고도 했습니다.

더불어 "사람들이 상상한 일을 하기 위해 로봇에게 방법을 알려주고 학습시키며 데이터를 축적해 가는 과정이 아직 없었기 때문에 휴머노이드 로봇산업은 이제 시작"이라며 "로봇이 가정 등 변수가 많은 다양한 환경에서 스스로 판단하고 손가락까지 미세하게 이용해 작업할 수 있는 단계까지 가기 위한 AI 연구들이 폭넓게 진행돼야 한다"고 주장했습니다. 그러면서 "로봇 연구를 하는 다른 정부출연연구기관들과 협력체계를 구축해, 국가적으로 로봇 분야 연구·개발 역량을 하나로 모으는 시도가 필요하다"고 촉구했습니다.

키스트는 2024년 하반기부터 △ 차세대 반도체 △ AI·로봇 △ 기후·환경 △ 청정수소융합 등 임무 중심 연구소를 신설했습니다. 특히 AI·로봇연구소는 사회 안전 플랫폼 구축을 위해 AI 기반 로봇이 연평균 1만 4,000여 건에 달하는 치매환자 실종을 예방하고, 실종자 발생 시 이동 동선을 실시간 수준으로 파악할 수 있도록 한다는 계획입니다. 연 3,000회에 달하는 폭발물 처리 업무도 휴머노이드 로봇이 대체해 사람의 위험 노출을 3분의 1 수준으로 낮춘다는 목표도 설정했습니다.

3

스마트홈

인공지능(AI) 가전이 모두 연결돼 집 안에서 모든 디바이스를 편리하게 제어할 수 있는 게 스마트홈 시스템입니다. 가전산업에서 특히 AI를 활용한 스마트홈이 활발하게 추진되고 있습니다. AI 기술의 산업화가 가전 영역에서 가장 빠르게 이루어지는 형태입니다. 스마트폰 등 플랫폼을 통해 집 안 조명, 냉난방 시스템, 온수, 보안 시스템까지 모두 조정이 가능합니다.

국내에서는 맞벌이 부부·고령가구 확대 등으로 주거환경 개선 수요가 커지면서 스마트홈에 대한 관심이 커지고 있습니다. 글로벌 스마트홈 현황을 비롯해 국내 AI 기반 스마트홈의 현재와 미래를 살펴보겠습니다.

관심 커지는 스마트홈… 성장 속도 가팔라

최근에는 신축 아파트에 내부 스마트 조명, 냉난방, 환기 시스템을 모두 조정하고 보안 카메라, 도어록, 에너지 관리 등이 가능한 스마트홈 시스템이 활발하게 적용되고 있습니다. 스마트 아파트 솔루션 적용 가구가 2024년 20만 세대를 넘은 것으로 집계됐습니다. AI 스마트 가전 경험은 이처럼 점차 확대될 것으로 예상됩니다.

스마트홈의 기반은 사물인터넷(IoT)입니다. 인터넷(Internet)과 연결되지 않은 일반 사물들(Things)을 네트워크와 연결하게 됩니다. 일상 속 모든 물건을 인터넷과 연결해 삶이 더 편리해지는 것입니다.

AI 기술이 부상함에 따라 가전산업에도 직접적인 영향이 커지고 있습니다. 글로벌 기업들은 TV를 비롯해 냉장고, 에어컨, 세탁기, 로봇 청소기, 오븐 등에 AI 기능을 탑재하고 있습니다. 가장 간편한 온디바이스 AI 플랫폼인 스마트폰을 통해 AI 가전을 모두 연결하고 스마트홈 생태계를 구축할 수 있게 됐습니다.

이에 글로벌 스마트홈 시장도 가파르게 성장하고 있습니다. 해외 리서치 업체 스태티스타(Statista)에 따르면 글로벌 기준 집 안에 연결할 수 있는

세계 가전 시장 및 스마트홈 전망

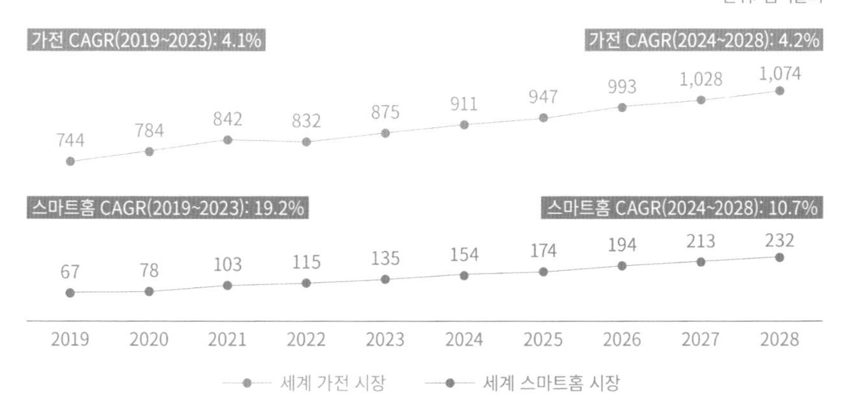

출처: 스태티스타, 산업연구원 산업경제분석
주: 가전과 스마트홈 시장의 범위가 상이하므로 해석에 주의가 필요

스마트 기기를 도입한 가구는 2019년 1억 9,000만 가구에서 2023년 3억 6,000만 가구로, 연평균 17%씩 증가했습니다. 글로벌 스마트홈 시장규모는 2019년 670억 달러에서 2024년 1,540억 달러(205조 8,200억 원)로, 오는 2028년에는 2,320억 달러(약 310조 원)까지 성장할 것으로 예상됩니다.

국내에서는 삼성전자와 LG전자가 AI를 활용한 가전제품을 선보이며 경쟁에 나서고 있습니다. 미국은 구글, 애플 등 글로벌 플랫폼을 보유한 빅테크가 스마트홈 서비스 시장에 진출해 공략하고 있습니다. 중국 역시 가격 우위와 자국의 거대한 내수를 토대로 엄청난 성장을 보이고 있습니다. 중국은 샤오미, 화웨이, 바이두, 알리바바 등 자국 중심의 스마트홈 플랫폼을 운영하면서 시장 우위를 확보하겠다는 목표를 세우고 있습니다. 국내 기업들은 어떻게 스마트홈 시장에 대응하고 있을까요?

삼성전자 스마트싱스 통한 스마트홈 구축 나서

삼성전자는 스마트싱스(SmartThings)라는 플랫폼 애플리케이션(앱)을 통해 스마트홈을 구축하고 있는데요. 삼성전자는 2014년 미국 IoT 플랫폼 업체인 스마트싱스를 인수한 이래, 삼성전자의 차별화된 기술과 역량을 더해 삼성 제품뿐만 아니라 파트너사 제품까지도 연동할 수 있도록 했습니다. 스마트싱스를 통해 소비자들은 라이프스타일에 맞춘 통합 연결 경험을 확대하고 있습니다. 스마트싱스 가입자 수는 2019년 1억 명에서 2024년 8월 말 3억 5,000만 명을 돌파했습니다.

삼성전자는 2022년 TV 등 주요 제품에 스마트싱스 허브를 탑재하기 시작했습니다. 별도 허브를 구매하지 않아도 삼성 가전제품뿐만 아니라 다양한 IoT 기기를 연결해 안정적 연결 환경을 구축할 수 있도록 했습니다. TV, 스마트모니터, 사운드바, 냉장고 등에 적용돼 있습니다. 2023년에는 캄 온

보딩(Calm Onboarding) 기술을 통해 삼성 제품 구매 후 배송 정보 확인, 기기 자동 등록, 유지보수까지 관리하는 통합 솔루션도 제공했습니다.

또 주거 공간의 가상 도면을 보면서 공간별 기기를 한눈에 파악하고 관리할 수 있는 맵뷰(Map View)를 도입했습니다. 예를 들어 맵뷰를 통해 안방 모니터 전원의 온·오프 여부를 확인할 수 있고, 거실 TV 상태를 알아볼 수도 있습니다. 2024년에는 AI 기술을 활용한 맵뷰 자동 생성, 3차원 보기 기능을 강화하고, 서비스를 지원하는 기기를 더욱 확대해 스마트홈 구축에 나서고 있습니다.

삼성전자 스마트싱스를 통한 스마트 아파트 솔루션 적용 모습(출처: 삼성전자).

특히 스마트홈은 스마트 아파트 솔루션을 적용하면서 힘을 받고 있습니다. 삼성전자는 AI 기술을 강화하며 기업간거래(B2B) 전용 솔루션인 스마트싱스 프로(SmartThings Pro) 출시와 정보보호 관리체계 국제표준인 ISO 27001 인증 등을 획득하며 사업을 본격화하고 있습니다. 스마트 아파트 솔루션 적용 가구가 점차 늘어남에 따라 스마트홈 경험이 확대되는 것입니다. 앞으로도 삼성전자는 스마트싱스 에너지 서비스를 기반으로 한 전력 업체,

전기차 업체 등과의 협업도 적극적으로 추진할 계획입니다.

아울러 삼성은 AI 홈의 중심은 삼성 AI TV로 보고, AI TV로 연결한 스마트홈 기능을 선보이고 있습니다. AI TV를 통해 소비자들이 다양한 경험을 직관적으로 느낄 수 있도록 합니다. 삼성 AI TV가 집 안에서 AI 홈 허브 역할을 수행하게 되는 셈입니다. 별도의 허브 기기 없이도 집 안의 AI 가전과 조명, 커튼, 플러그, 도어록 등 집 안 기기를 연결할 수 있습니다. 가정에 TV는 한 대씩 있기 때문에 TV를 통한 스마트홈 경험을 확대하는 것입니다. AI TV에서 '3D 맵뷰' 기능을 활성화해 집 안의 평면도를 그대로 불러와 공간별 배치를 시각적으로 파악해 집에 조명이 몇 개 켜 있는지 알 수 있고, 방마다 에어컨 전원을 끄고 켜는 등 기기를 관리할 수 있습니다.

꺼져 있는 TV 앞에서 AI 음성 비서인 "하이 빅스비"를 부르면 오늘 날씨부터 에너지 사용량, 우리 집 IoT 기기 상태, 메모 등을 대기 화면에서 확인할 수 있습니다. '빅스비'가 자연어를 기반으로 맥락을 이해하고 다양한 지시를 한 번에 수행하도록 합니다.

특히 삼성전자는 2024년 독일 베를린에서 열린 유럽 최대 가전 전시회인 베를린 국제가전박람회(IFA) 2024에서 사용자의 목소리나 위치를 인식해 개인화된 맞춤형 서비스를 제공하는 '보이스(Voice) ID' 기능을 선보이기도 했습니다. 보이스 ID는 목소리로 개별 사용자를 인식해 사생활 침해 우려를 줄이면서도 개인 일정, 관심사, 건강 상태 등을 반영한 명령을 내릴 수 있는 기능입니다. 예를 들어 "나 지금 출근할 거야. 오후 6시까지 집안일 끝내줘", "저녁 식사로 뭘 해 먹으면 좋을까?" 같은 개인화된 명령과 질문에도 기기가 사용자의 의도와 성향을 파악해 맞춤형 솔루션을 제공할 수 있게 됩니다.

또 '앰비언트 센싱(Ambient Sensing)' 기능도 이번 IFA 2024에서 최초

공개했습니다. 앰비언트 센싱은 센서를 활용한 위치기반서비스로, 사용자와 가까운 곳에 있는 가전의 스크린을 활성화하거나 로봇 청소기의 경우 사용자가 있는 위치로 옮겨와서 음성 알람을 해주는 것도 가능해집니다.

AI홈 시대 선언한 LG전자

2024년 LG전자 역시 AI홈 시대의 개막을 선언했습니다. LG전자 또한 IFA 2024에 참가해 LG 씽큐온(LG ThinQ ON)을 처음으로 공개했습니다. 씽큐온은 집 안 가전과 IoT 기기를 항상 고객과 이어주는 LG AI홈의 핵심 디바이스입니다. 가전업계 최초로 허브에 생성형 AI를 탑재했습니다. 이에 따라 AI 가전으로 소비자들은 일상언어를 통해 소통이 가능하다는 설명입니다. LG전자는 AI가 고객과 공간을 이해해 가전과 IoT 기기를 제어하고 서비스까지 연결하는 AI홈을 강조하고 있습니다. 일상언어로 편리하게 소통하고, 단순한 가전 제어를 넘어 다양한 서비스를 확장해 글로벌 AI홈 시장을 선도한다는 계획입니다.

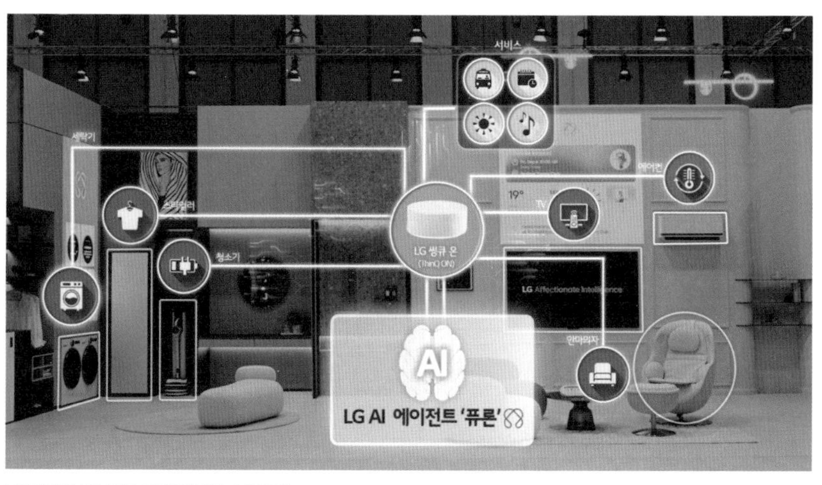

LG전자의 LG AI홈 개념도(출처: LG전자).

LG전자는 누구나 쉽고 편리하게 AI홈을 이용하도록 씽큐온에 목소리로 동작하는 아날로그 소통 방식을 적용했습니다. 예를 들어 씽큐온은 건조기 작동 종료 여부를 물어보고 취침 모드에 맞춰 다른 가전의 전원을 끄거나 절전 모드로 설정합니다. 고객이 가입해놓은 스트리밍 서비스로 수면용 음악을 재생하고 조명도 수면에 맞춰 알아서 조정하는 것입니다. 아이와 반려동물이 있는 공간에서는 두 다리에 달린 바퀴와 자율주행기술로 움직이는 '이동형 AI홈 허브'가 수면·학습 등 아이의 생활 루틴에 맞게 조도 등을 알아서 조절해줍니다. 책을 읽어주거나 이야기를 창작해 들려주는 등 아이의 정서까지 고려한 서비스도 제공합니다.

LG전자는 AI홈의 연결성을 넓히기 위해 2024년 7월 스마트홈 플랫폼 기업 '앳홈(Athome)'을 인수한 바 있습니다. 앳홈의 광범위한 개방형 생태계와 연결성을 씽큐온에 통합했습니다. 앳홈의 허브는 현재 5만여 종의 가전과 IoT 기기를 연결하며, 앳홈 앱스토어에는 필립스·아카라 등 다양한 글로벌 브랜드들의 제품과 서비스를 연결·제어하는 앱이 1,000여 개 등록돼 있습니다. 앳홈이 구축한 오픈 플랫폼에서 전 세계 개발자들이 활발히 활동하면서 허브와 연결되는 기기와 서비스의 종류도 꾸준히 늘어나고 있는 셈입니다. LG전자는 AI홈 구현을 위해 씽큐온과 연결하면 활용도가 높은 △모션·조도 센서 △ 공기질 센서 △ 온·습도 센서 △ 도어 센서 △ 스마트 버튼 △ 스마트 조명 스위치 △ 스마트 플러그 △ 보이스 컨트롤러 등 IoT 기기 8종을 연내 선보일 계획입니다.

미·유럽 비해 규모 작은 국내 스마트홈 시장… B2B로 돌파구

국내 스마트홈 시장은 미국, 유럽과 비교해 규모가 작은 편입니다. 미국, 유럽 등은 주택 주거 비중이 높고, 주택을 대상으로 한 온도조절, 보안 카메라, 도어록, 에너지 소비 절감에 대한 관심이 높습니다. 미국과 유럽에서 난방, 공조기기를 통한 에너지 소비 절감은 개인뿐 아니라 국가 차원에서도 중요한 문제로 인식되고 있습니다.

한국 가전산업 과제와 대응 방향

출처: 산업연구원

과제	대응 방향	주요 내용
높은 해외 생산 비중으로 국내 산업의 성장 부진	국내 공장 생산성 극대화	AI 기반 공정 혁신으로 국내 생산 비용을 한계까지 절감, 국내 생산 물량을 유지·확대
	밸류체인 고부가가치화	제품과 서비스의 통합적 설계·디자인, 스마트홈 플랫폼 및 서비스 운영 등의 고부가가치 영역을 국내에서 담당
중국의 빠른 성장과 글로벌 경쟁 심화	제품·서비스 차별화	AI를 활용해 제품의 기능·편의성 강화, 프리미엄 및 신시장에서 입지 확보
선도국와 스마트홈·서비스 경쟁 본격화	AI 플랫폼·서비스 역량 강화	플랫폼 개발·활용, 서비스 개발·공급 관련 R&D 확대 및 전문 인력 양성
	해외 스마트홈 시장 진출 전략 마련	해외 스마트홈 시장의 환경과 서비스 여건을 반영한 현지화 전략으로 가전-서비스 융합 사업의 글로벌화 달성

국내 주거 환경은 주로 아파트에 집중돼 있기 때문에 스마트홈 시장규모 측면에서 차이가 발생합니다. 아파트 거주자가 입주 당시 갖춰진 아파트 주거인프라를 변경하고자 하는 수요는 적습니다. 스마트홈 시스템을 구축함으로써 얻는 에너지 비용 절감 효과가 크지 않기 때문입니다. 아파트 소유자는 주택처럼 원하는 대로 집을 변경하기도 어렵습니다. 국내 스마트홈 시장이 미국이나 유럽과 비교해 성장이 더딘 이유가 여기에 있습니다.

한국 기업은 제품 자체의 완성도가 중요한 TV, 세탁기 등 대형 가전제품 시장을 장악하고 있습니다. 그러나 시장이 협소하고 로컬기업과 협업이 필요한 스마트홈 IoT 기기에서는 상대적으로 힘을 못 쓰고 있습니다. 현재 미국이나 중국 해외 IoT 제품이 국내 시장에 진입하기 어려운 이유도 이와 같습니다. 온전한 스마트홈 서비스 구현을 위해서는 과제가 남아 있습니다.

국내 가전업계는 아파트 건설사와의 B2B로 스마트홈 시장 확대를 꾀하며 새로운 기회를 잡고 있습니다. 대형 건설사를 중심으로 스마트 아파트 건설이 적극 추진되고 있습니다. 이에 따라 아파트 월패드, 빌트인 가전, 태양광 패널 등 다양한 요소를 결합한 스마트홈이 증가하는 상황입니다. 건설사와 가전제품 생산 기업 간 협업이 증가하고 있습니다. 오히려 일반 소비시장보다 건설사를 대상으로 한 빌트인 가전 시장의 규모가 현재보다 더 커지리란 예측도 가능합니다.

삼성전자는 2020년 11월 삼성물산 래미안 리더스원을 시작으로 총 248개 단지, 20만 세대까지 스마트 아파트 솔루션 적용을 넓히고 있습니다. 대형 건설사를 비롯해 중소 건설사, 하이엔드 오피스텔 등 많은 건설사와 협력을 구축하면서 스마트 아파트 시대를 선도하고 있습니다. 스마트 아파트 솔루션은 집 안의 가전제품, 조명, 냉·난방, 환기장치, 전동 블라인드·커튼 등 다양한 기기를 제어하고 엘리베이터 호출, 주차 정보, 무인 택배 관리, 방문 차량 등록 등 편의 정보까지 앱 하나로 관리할 수 있는 서비스입니다. 또 실시간 전기요금과 사용량도 확인할 수 있고, 기기 사용에 따른 탄소 배출량도 알 수 있어 체계적인 에너지 관리도 가능해집니다. 입주민들의 스마트홈 경험이 점차 확대되는 것입니다.

삼성전자는 2024년 6월 북미 최대 디스플레이 전시회 인포콤(Infocomm) 2024에서 AI B2B 솔루션 스마트싱스 프로를 선보였습니다. 스마트싱스 프로는 기업 환경에 맞게 스마트 사이니지, 호텔 TV, 시스템 에어컨, 가전을 비롯해 조명, 온·습도 제어, 카메라 등 기업용 IoT 제품까지 연동해 AI로 효율적으로 관리할 수 있는 서비스입니다. 원하는 시간에 매장의 온도를 맞춰주는 AI 예측 냉·난방뿐 아니라 데이터 기반 AI 쾌적 제어로 에너지 사용을 최적화하면서도 이용 고객이 불편하지 않도록 하는 등의 공간 최적화 기능을 지원합니다. 스마트홈에 더해 개별 사업장에서도 사업장 환경에 맞게 공간을 효율적으로 관리할 수 있는 것입니다. B2B 영역에서도 AI 솔루션을 확대하고 있습니다.

가전업계는 '보안' 집중 중

스마트홈이 발전할수록 사생활 보호 측면에서 보안의 중요성도 커지고 있습니다. 소비자가 신뢰할 수 있는 보안 수준을 확립해야 하는 과제가 있는 것입니다. 스마트홈 시장 성장을 제약하는 요인으로 작용할 수 있어 기업들은 보안시스템에 철저한 대비책을 마련하고 있습니다.

LG전자는 AI홈 허브 씽큐온에 자체 데이터 보안시스템인 'LG쉴드(LG Shield)'를 적용해 고객 정보를 철저히 보호하고자 합니다. LG쉴드는 제품과 데이터를 안전한 상태로 보호하는 LG전자의 보안시스템입니다. 주요 데이터를 암호화한 뒤 분리된 공간에 안전하게 저장하고, 외부에서 작동 코드를 해킹하거나 변조하지 못하도록 보호하는 방식입니다.

삼성전자는 다양한 AI 기능을 안심하고 사용할 수 있도록 보안솔루션인 '녹스(Knox)'를 적용해 개인정보를 포함한 모든 데이터를 안전하게 관리하고 있습니다. 이에 삼성전자는 글로벌 인증기관인 UL 솔루션즈가 실시하는 IoT 보안 평가에서 최고 등급인 다이아몬드 등급을 5개 제품에서 획득하기도 했습니다. △ 올인원 세탁건조기 '비스포크 AI 콤보' △ 주거용 고효율 히트펌프 'EHS' △ '비스포크 슬라이드인(Slide-In) 인덕션 레인지' △ 프리미엄 냉장고 '비스포크 AI 패밀리허브' △ 올인원 로봇 청소기 '비스포크 AI 스팀' 등이 보안 평가에서 다이아몬드 등급을 획득했습니다. UL 솔루션즈의 IoT 보안 평가는 스마트 가전의 해킹 위험성과 보안 수준에 대한 엄격한 테스트를 통해 총 5단계의 등급을 부여하는데요. 최고 등급인 다이아몬드 등급은 악성 소프트웨어 변조 탐지, 불법 접근 시도 방지, 사용자 데이터 익명화 등의 항목에서 까다로운 시험을 통과해야 얻을 수 있습니다.

스마트홈 시대, 플랫폼 영향력 커져… 한국 가전 대응은

국내 가전업계는 플랫폼에서 글로벌 영향력을 확보해야 하는 과제를 안고 있습니다. 심우중 산업연구원 전문연구원은 "향후 (국내 가전업계의) 도전적 과제는 플랫폼에서 글로벌 영향력을 확보하는 것"이라고 강조했습니다. 그는 "미국과 중국이 각각 자국 중심의 스마트홈 플랫폼을 이미 구축하고 있고, 해외에서 플랫폼 경쟁이 벌어질 것으로 예상된다"며 "스마트홈 시장과 서비스가 확대될수록 가전 시장의 플랫폼 종속성이 커질 것으로 예측된다는 점에서 플랫폼의 중요성이 커지고 있다"고 설명했습니다.

실제 스마트홈 시스템을 구축하기 위해서는 스마트폰을 통한 플랫폼이 대중적입니다. 아직 미국을 제외한 국가가 글로벌 플랫폼 시장을 장악한 사례는 없습니다. 스마트폰 시장은 구글(안드로이드)과 애플 등이 독점하고 있고, 이는 기존의 미국 플랫폼 사업자인 구글이나 애플의 경쟁 우위가 지속할 것이란 예측이 가능합니다. 미국 기업이 글로벌 플랫폼 시장을 장악하고 있어 국내 가전업계가 스마트홈 시장에 대응하기에 순탄하지만은 않을 것으로 예상됩니다. 스마트폰을 중심으로 확립된 기존 플랫폼의 영향력이 강력하기 때문입니다. 지금처럼 구글 안드로이드를 이용한 스마트홈 사용자가 많을 것이나 가정 내에서 스마트홈 통신 허브 역할을 담당하는 장치는 다양해질 수 있습니다. 실외에서는 스마트폰이나 자동차가 주요할 것이고, 실내에서는 TV, 셋톱 박스형 통신 중개기, 가정용 로봇, AI 스피커 등 다양한 기기가 스마트홈 플랫폼으로서 역할을 할 수 있습니다.

예컨대 애플은 아이폰뿐 아니라 AI 스피커도 출시하고, 애플홈킷과 같은 스마트홈 관리 도구도 공개했다고 심 연구원은 설명했습니다. 심 연구원은 "향후 스마트홈 시장이 더욱 확산한다면 애플의 아이폰과 AI 스피커를 중심으로 스마트홈 플랫폼이 구성되는 것도 가능할 것"이라고 말했습니다. 이어 "더 나아가 애플의 '비전프로(XR 디바이스)'도 스마트홈의 가상현실을 담당하는 좋은 도구가 될 것"이라며 "기존 애플 사용자의 애플 스마트홈 플랫폼 유입이 상당할 수 있다"고 분석했습니다.

중국의 부상도 만만치 않습니다. 로봇 청소기는 중국의 부상을 가장 잘 보여주는 사례입니다. TV 등 주요 가전제품에서도 중국 제품의 경쟁력은 상당한 수준으로 올라왔습니다.

국내 주요 기업은 제품의 AI화를 통해 차별화를 추진하고 있습니다. 여기에 플랫폼을 더해 서비스 기능을 강화하고 있는데, 프리미엄 시장의 점유율 확대라는 측면에서는 기존 전략의 연장선에 있는 셈입니다.

심 연구원은 국내 가전업계의 이 같은 전략은 여전히 유효하다고 봤으나 플랫폼 영역에서의 영향력 확대가 향후 더 중요해질 것으로 판단했습니다. 그는 "플랫폼은 단순히 개별 기업이나 하나의 글로벌 기업이 잘 만들어서 성공하기는 어렵다"며 "수요 시장이 존재하는 지역과 국가, 문화권별로 로컬 서비스 공급자와 연계를 통해 플랫폼의 완성도·서비스 기능을 강화해야 한다"고 조언했습니다. 국내 기업들이 글로벌 스마트홈 시장을 확보하려면 로컬 서비스 공급자와의 연계를 통한 플랫폼 확대가 필요한 것입니다.

심 연구원은 "플랫폼은 오래전부터 한국의 한계로 지적돼왔다"며 "다만 가전산업에서는 플랫폼의 대상이 되는 가전 시장에서 우위를 확보하고 있다는 점은 기회 요인으로 작용할 것"이라고 말했습니다. 현재까지는 국내 프리미엄 가전제품을 중심으로 한 개별 가전의 스마트화, 이들 제품을 연계하는 스마트폰 기반의 플랫폼 앱 활용이 주요한 상황입니다.

4

인공지능 영상 진단

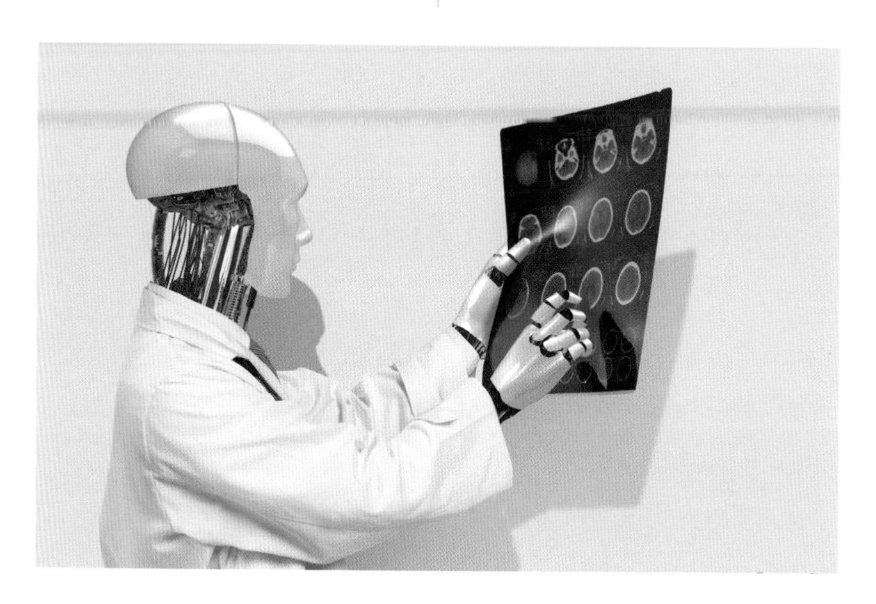

바야흐로 인공지능(AI) 전성시대입니다. 챗(Chat)GPT라는 괴물의 등장은 구글 알파고가 바둑의 신 이세돌을 꺾은 이후 두 번째로 전 세계를 뒤집었고, 이후 AI는 우리 생활 곳곳에 침투하고 있습니다. 그중 대기업들이 주목하고 있는 분야가 바로 AI 의료 분야입니다.

AI 의료는 AI 헬스케어에서 조금 더 세분화된 개념입니다. 병원과 연계된 분야에서 사용하는 AI 의료와 개인이 건강관리 분야에서 사용하는 웰니스가 합쳐진 개념이 AI 헬스케어입니다. AI 의료는 다시 △ 영상 암 검진 △ 혈액 암 검진 △ 영상 병변 탐지 △ 병리 분석 △ 신약 개발 △ 응급 상황 감지 △ 예후 예측 △ 의료 로봇수술 △ 의료 데이터 분석 △ 의료 행정 최적화 등의 분야로 분류됩니다.

질병 예측과 조기진단을 넘어 치료 방법 설계까지

AI는 암을 조기진단하고, 뇌졸중을 예측하는 수준으로 발전했습니다. 또한 심혈관계질환, 안구 건강 등에도 AI를 적용하면 질병을 최대한 막을 수 있습니다. AI는 알고리즘을 사용해 다량의 의료 데이터를 분석하는 데 최적화돼 있습니다. 먼저 엑스레이, CT 스캔, MRI 자료 등에서 유의미한 정보를 식별하고, 상관관계를 찾아 질병의 징후를 감지합니다. 또한 정보를 취합해 최종 진단을 내리고 고객 맞춤형 치료 방법을 설계하는 역할도 수행합니다.

AI가 사용하는 의료 데이터는 환자의 진료기록, 임상시험 정보, 진료 초기 영상과 치료 후 영상 데이터, 보험 청구 정보, 학계 논문 등 기존 의료 데이터뿐 아니라 생체 데이터, 라이프로그, 유전체 정보 등 기존에 확보하기 어려웠던 새로운 데이터까지 다양합니다. 이런 복잡한 데이터를 기억하고 융합해 의료적 판단을 내릴 수 있기 때문에 AI가 전문의보다 유리하다는 것입니다.

또한 AI 의료는 막다른 골목에 놓인 현 상황을 타개할 수 있다는 점에서 앞으로 의료서비스에 핵심 역할을 할 것으로 예상됩니다. 저출생 고령화로 더 많은 의료진이 필요하지만 정작 절대적인 의사의 수는 줄어들고 있는 상황의 한 대안이 될 수 있다는 것입니다.

실제 보건의료빅데이터개방시스템에 따르면 국내 연간 영상 촬영 건수는 엑스레이, 컴퓨터단층촬영(CT), 자기공명영상(MRI), 자기공명혈관조영술(MRA)을 모두 포함해 2억 1,900만 건에 달합니다. 같은 해 국내 영상전문의 수가 3,910명이었음을 감안하면 영상전문의 1명당 하루 평균 224건(연근무일 수 250일 기준)을 판독해야 한다는 이야기가 되는 셈입니다. 인구가 많은 수도권 지역의 영상전문의라면 하루에 400건 안팎의 영상 촬영을 판독해야 합니다.

최우식 딥노이드 대표는 "의료산업의 패러다임이 '치료'에서 '예방'으로 바뀌고 사회는 고령화돼 의료 영상 데이터가 급증하는데 영상전문의 수는 4,000여 명에서 제자리걸음 중"이라며 "AI 영상 진단 보조 소프트웨어의 도움을 받아 업무 효율성을 높이려는 영상전문의와 기본적인 부분은 직접 보고 환자들에게 알려주려는 비영상전문의들의 수요가 꾸준할 것"이라고 예상했습니다.

AI 의사, 전문의보다 유방암 진단 정확도 높아

AI 의료 분야의 글로벌 리더는 구글과 마이크로소프트(MS) 등 빅테크입니다. 구글은 사실 챗GPT를 만든 오픈AI보다 일찍 헬스케어 분야에서 AI 고도화에 뛰어든 기업입니다. 구글은 먼저 인류의 난제인 암 정복을 위해 나섰습니다. 그리고 놀라운 결과를 발표했습니다. "AI 의사가 실제 전문의보다 유방암 진단율이 정확하다"는 것이었습니다.

통상 유방암은 의사가 유방조영술 결과를 살펴 암세포를 찾아냅니다. 하지만 암세포가 있어도 유방 조직에 가려지는 경우가 많아 찾아내기가 쉽지

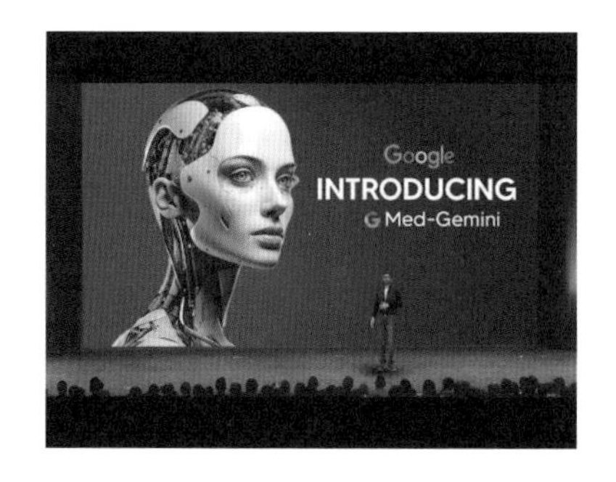

않습니다. 미국암협회에 따르면 연간 3,300만 건의 유방암 검사가 시행되지만 이 중 약 20%는 암세포가 있어도 찾아내지 못합니다. 반대로 암이 아닌데 잘못 진단하는 사례도 많습니다.

이에 구글은 영국과 미국에서 각각 7만 6,000명, 1만 5,000명 이상의 유방조영술 결과를 취합해 AI를 학습시켰습니다. 그 결과 암 환자를 음성이라고 오진한 비율이 미국과 영국에서 각각 9.4%, 2.7% 낮게 나왔습니다. 암세

포가 없는데 암이라고 오진한 비율도 각각 5.7%, 1.2% 낮았습니다. 또 다른 실험에서는 AI와 인간 전문의 6명에게 무작위로 선택한 유방조영술 사진 500장을 놓고 진단하도록 했습니다. 그 결과도 AI의 오진 비율이 전문의보다 낮게 나왔습니다.

이로부터 4년이 흐른 지금, 구글의 AI 의사는 얼마나 더 발전했을까요. 이제 구글은 생성형 언어모델을 활용해 암 진단뿐 아니라 다양한 질병을 자체적으로 판단하는 수준까지 발전했습니다.

2024년 초 구글 연구진은 AI 진단 시스템과 실제 의료진에게 환자인 척 연기하는 배우 20명과 가상 의료 진단 채팅을 진행한 후 비교한 연구 결과를 알카이브(arXiv)에 공개했고, 〈네이처〉는 이 연구의 결과에 대해 소개했습니다. 연구진은 의료 진단을 위해 개발된 언어학습 기반 AI 시스템 'AMIE(Articulate Medical Intelligence Explorer)'를 활용해 영국과 캐나다, 인도에서 환자 역할을 연기한 20명의 배우를 대상으로 호흡기와 심혈관 등 6개 질환, 149건의 진단 사례를 만들고, 이를 실제 1차 의료진 23명의 진료 상담 사례와 비교했습니다.

대화 방식은 문자 채팅 방식으로 진행됐습니다. 결과적으로 환자의 질환 정보 취득 양과 진단 정확도는 비슷했으나 AI가 진료 과정에서 좀 더 나은 공감대를 형성한 것으로 평가됐습니다. 특히 사태 및 치료에 대한 공손한 설명, 관심과 헌신 표현 등 대화 품질은 26개 항목 중 24개 기준에서 의사보다 더 나은 평가를 받은 것으로 나타났습니다.

검증된 시장성, 국내 대기업도 투자 잇따라

AI 의사는 앞으로 개인의 생활 패턴을 분석해 맞춤형 건강관리를 코칭하고, 의료서비스를 추천하는 등 의사결정을 지원하며, 딥러닝 기반의 학습 및 가설검증으로 새로운 치료법을 개발하는 등 다양한 역할을 할 수 있을 것으로 예상됩니다. 또한 예측 모델링을 활용해 환자 대기 시간 감소, 진료 과목별 지식 공유로 의사 간의 협진 활성화, 만성질환에 대한 실시간 원격 모니터링 등의 프로세스 효율화도 이루어낼 수 있습니다.

특히 AI 영상 진단 분야 AI 모델은 지금까지 병변을 자동으로 발견(detection)하고 중증도를 분류(triage)하거나 진단(classification), 정량화(quantification)하는 등 판독자를 돕는 역할을 수행해왔습니다. 앞으로는 영상을 해석하는 데에서 벗어나 영상을 바탕으로 환자의 예후를 예측하는 데에도 활용되며, AI 기반으로 발굴된 영상 생체 표지자(image biomarker)를 사용해 질환을 선별하거나 합병증을 예측할 수도 있을 것으로 예상됩니다.

시장성은 이미 검증됐다고 평가됩니다. 시장조사기관인 마켓앤드마켓

글로벌 AI 헬스케어 시장규모 및 전망

출처: 마켓앤드마켓
단위: 백만달러

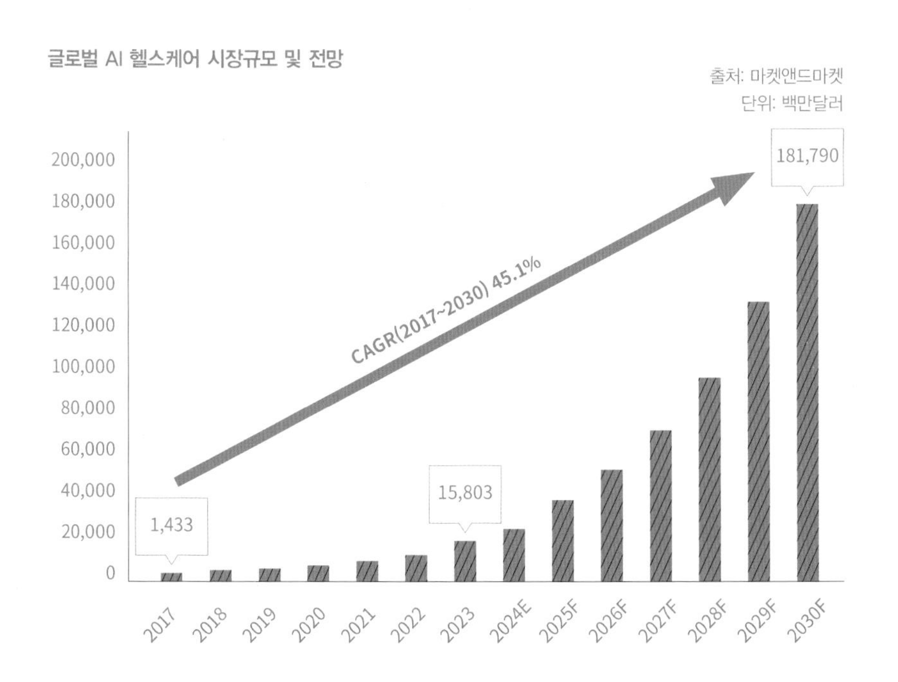

(Markets and Markets)은 2017년 14억 3,300만 달러(약 1조 9,087억 원)였던 글로벌 AI 헬스케어 시장규모가 2023년 158억 300만 달러(약 21조 495억 원)까지 증가했으며, 2030년에는 1,817억 9,000만 달러(약 242조 1,442억 원)까지 폭발적으로 증가할 것으로 내다봤습니다.

특히 이미 선제적으로 AI 기술을 도입해왔던 금융, 유통·소비재, 제조산업과 비교해봤을 때도 AI 헬스케어산업의 성장 속도가 월등히 빠른 것으로 나타났습니다. 2023년부터 2030년까지 연평균 성장률을 비교해보면 금융(32.4%), 유통·소비재(34.7%), 제조(35.7%)보다 높은 41.8%를 기록할 것으로 전망됩니다.

이에 국내 대기업들도 투자를 확대하는 추세입니다. 재계 1, 2위인 삼성과 SK는 최근 AI 영상 진단 분야에 투자했습니다. 삼성메디슨은 최근 프랑스 초음파 AI 진단 소프트웨어 업체 소니오(Sonio)를 인수했고, SK C&C는 뇌질환 AI 영상 진단 제품 라인업을 늘리고 있습니다.

특히 최태원 SK그룹 회장이 AI 관련 분야 투자 확대를 주문하며 시장의 기대감은 점점 커지고 있는 상황입니다. SK그룹은 AI·반도체 계열사 간 시너지 확대를 위해 약 80조 원을 투자하기로 했습니다.

삼성SDS 또한 유방암 재발 예측 AI 영상 진단 소프트웨어를 개발했습니다. 삼성SDS 관계자는 "AI 기반 정밀 의료 솔루션 개발 국가 과제에 참여, 삼성서울병원과 공동으로 유방암의 재발을 예측하는 AI 기술을 개발했다"며 "해당 프로그램을 통해 의료진은 유방암 수술을 받은 환자의 향후 암 재발 위험을 예측해 재발 위험이 의심되는 환자에게 개인별 적절한 치료를 제시할 수 있다"고 설명했습니다.

네이버, 카카오 등 테크기업에 이어 삼성그룹 계열사, SK C&C까지 AI 의료 시장에 본격 참전하면서 AI 의료기기 시장도 한층 탄력받을 전망입니다. 기존 사업자인 루닛과 뷰노 등 소프트웨어 기업들도 이를 반기고 있습니다. 루닛 관계자는 "대기업에서 AI 영상 진단 분야에 진출하는 것은 일정 부분 도움이 될 것으로 보인다. 대규모 투자가 있다면 시장의 파이가 분명 커질 것"이라고 전망했습니다. 다만 "투자 방식이 소규모 스타트업을 연이어 인수하며 기술적인 부분을 독점하고 가격경쟁력을 우위로 가져가는 '치킨게임' 형태가 된다면 이는 우려스러운 방향"이라고 덧붙였습니다.

미국 AI 헬스케어 시장 21조 규모, 국내 기업 경쟁력은

현재 AI 영상 진단 분야를 주도하는 국가는 미국입니다. 프리시던스리서치(Precedence Research)에 따르면 미국 AI 헬스케어 시장은 2022년 약 21조 원으로 전 세계 시장의 약 59%를 점유하고 있습니다. 민간 보험이 활성화되어 있어 보험 수가도 한국보다 월등하게 높습니다.

시장이 큰 이유는 의료보험제도가 민간 위주로 형성돼 가격이 높은 비급여 항목이 많기 때문입니다. 따라서 쓰는 돈에 비해 효율이 좋지 못합니다. 미국은 2023년 기준 GDP의 약 17.6%(OECD 평균 8~9%)인 4.8조 달러를 헬스케어 비용으로 지출합니다. 이는 우리나라 GDP(약 1.7조 달러)의 2배가 넘는 규모입니다. 그러나 미국인 평균수명은 2022년 기준 78.7세로 OECD 평균인 80.3세보다 3년 낮습니다. 즉, OECD 국가들보다 2배 이상의 의료 지출을 하면서 평균수명은 오히려 낮은 것입니다. 이런 이유에서 미국 정부는 의료 분야의 AI 기술에 많은 지원을 쏟아부었습니다.

하지만 국내 AI 의료 기술은 지속적인 발전으로 미국과 기술 격차를 줄이고 있습니다. 키움증권에 따르면 한국은 2016년 AI 질병 예방 및 예측 시스템에서 미국과 3.5년의 기술격차를 보였으나, 2022년 3년 이하로 좁히는 데 성공했습니다.

키움증권 관계자는 “국가별 임상 AI 연구 개발 건수를 확인해보면 한국은 2,924건의 발간물을 기록했다. 이는 전 세계에서 중국과 미국 다음 3등인 기록”이라며 “일본과 유럽은 오히려 기술격차가 늘어난 것과 비교할 때 우리나라 기술력이 한 단계 성장했음을 시사한다”고 말했습니다.

의료 AI의 주된 활동 무대는 영상 진단 보조 분야입니다. 코스닥 상장사인 △ 제이엘케이(2019년 12월 상장) △ 뷰노(2021년 2월 상장) △ 딥노이드(2021년 8월 상장) △ 루닛(2022년 7월 상장) △ 코어라인소프트(2023년 9월 상장) 모두 엑스레이나 CT, MRI, MRA 촬영 이후 의사의 영상 진단을 돕는 소프트웨어를 주력으로 합니다.

루닛은 흉부 엑스레이와 유방촬영술 영상 분석 보조 프로그램이 주력 제품이고, 제이엘케이는 뇌 MR 관류 영상 분석을 통해 뇌경색 병변 검출을 용이하게 하는 소프트웨어를 보유하고 있습니다. 뷰노는 흉부 엑스레이 및 폐 CT 분석 프로그램 등을 가지고 있고, 딥노이드는 뇌혈관 MRA 영상 분석 보조 프로그램이 혁신의료기기에 지정된 바 있습니다. CT 영상 분석에 강점을 지닌 코어라인소프트는 뇌 CT 영상 분석을 통해 의료진이 뇌출혈을 검출하고 진단하는 것을 돕는 소프트웨어를 갖고 있습니다.

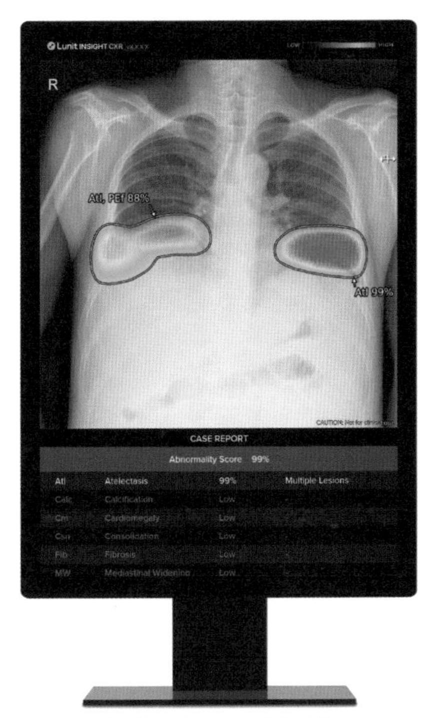

루닛의 흉부 엑스레이 AI 영상 분석 솔루션인 루닛 인사이트 CXR.

루닛·뷰노·제이엘케이 등 기술력 뛰어나 전망 밝아

현재 미국에서 비즈니스를 제일 잘하고 있는 기업은 루닛입니다. 루닛은 영상 AI 진단 제품뿐 아니라 AI를 통한 항암제 동반 진단 기술을 함께 보유하고 있습니다. 이에 실적 전망도 좋습니다. 루닛은 2024년 매출액 601억 원을 기록할 것으로 추정됩니다. 지난 2024년 5월, 유방암 AI 솔루션 기업인 볼파라(Volpara)를 인수하며 덩치가 커졌기 때문입니다. 루닛은 볼파라 영업망을 필두로 미국 내 입지가 지속적으로 커질 것으로 예상하고 있습니다. 루닛 관계자는 "볼파라 인수로 2025년 1,000억 원 이상의 매출을 달성할 것"이라며 "2025년 손익분기점 달성 목표도 변함이 없다"고 말했습니다.

백지우 신한투자증권 연구원도 "볼파라의 매출 대부분은 장기계약 형태"라며 "1년 치 선납금을 받는 수주 매출 구조로, 루닛의 외형 성장에 기여할 것으로 기대된다"고 밝혔습니다. 그러면서 "영상 보조 AI 솔루션인 루닛 인사이트는 국내 비급여 청구가 가능해지고, B2C 시장에 진출하는 등 점진적인 매출 성장이 예상된다"며 "AI 바이오마커 플랫폼 '루닛 스코프'의 경우 현재 다수의 해외 제약사들과 연구를 진행하고 있어 성장성이 기대된다"고 덧붙였습니다.

뷰노는 2024년 연간 매출액이 336억 원에 달할 것으로 전망됩니다. 이는 전년 동기 대비 153% 성장한 수치입니다. 영업 적자는 15억 원을 기록하며 적자를 지속하지만 2023년 같은 기간(157억 원 적자)과 비교해 큰 폭으로 줄어들 것으로 예상됩니다. 특히 2024년 4분기만 놓고 보면 매출액 125억 원과 영업이익 10억 원을 기록, 의료 AI 분야 최초로 흑자전환을 할 것으로 기대되고 있습니다. 또한 2024년 하반기 뷰노의 심정지 예측 AI 소프트웨어의 미국 식품의약국(FDA) 승인이 예상되기도 합니다.

뷰노와 루닛에 비해 미국시장 후발주자로 꼽히는 제이엘케이는 2025년에

첫 해외 매출이 발생할 것으로 전망됩니다. 제이엘케이는 2024년 10월, AI 뇌졸중 솔루션 JLK-LVO(JBS-LVO)가 FDA 승인을 획득했습니다.

K-의료 AI 글로벌 리딩 위해 보험 수가 개선돼야

한국 기업이 지속해서 글로벌시장에서 두각을 드러내기 위한 관건은 보험 수가 적용이라고 업계 관계자들은 입을 모읍니다. 보험 수가가 적용돼야 임상 현장에서 지금보다 활발하게 쓰일 수 있고, 그래야 실사용 데이터가 쌓이면서 해외 진출을 위한 레퍼런스를 쌓는 데 도움이 되기 때문입니다.

특히 소프트웨어 시장은 대표적인 규모의 경제 시장이라 선도 업체의 시장 지배력이 강합니다. 상품 전환비용도 높아 한 번 시장의 선두를 차지하면 안정적으로 점유율을 유지할 수 있습니다. 의료 AI 역시 이 같은 소프트웨어 시장의 속성을 그대로 따를 것으로 예상됩니다. 하루빨리 해외 진출을 통한 인지도 확보가 중요한 이유입니다.

현재 국내에서 의료 AI 소프트웨어는 혁신의료기술로 지정돼 3~5년간 비급여나 선별급여로 임상 시장에서 활용될 수 있습니다. 2024년 9월 말 기준 혁신의료기술로 지정된 의료 AI 소프트웨어는 총 16개입니다. 3~5년의 기간이 종료되면 이제까지 비급여 처방 내역을 바탕으로 신의료기술 재평가를 통해 급여 지정 여부가 결정됩니다.

약 수십조 원 규모로 성장할 의료 AI 시장을 5년 뒤, 10년 뒤에도 한국 기업이 선두에서 이끌어갈 수 있을지 그 추이가 주목됩니다.

오픈AI·구글, AI 의사 상용화 임박

"저는 90점짜리 AI 의사를 만드는 사람입니다. 영상의학과 의사로 일하면서 영상 판독에서 2% 정도 오류가 있었는데 의료 AI는 의사의 오류를 잡는

동료가 될 수 있습니다."

최현석 딥노이드 최고의료책임자(CMO)는 AI가 의사에게 하는 역할에 대해 이같이 말했습니다. AI는 의사를 돕는 도구 역할을 할 수 있다는 것입니다. 그런데 최근에는 이 AI가 직접 환자의 질문에 대답할 수 있을 정도로 발전했습니다. AI가 일반인들의 개인 주치의 시대를 열어줄까요. 의사가 일을 안 하고 버티면 정부도 꼼짝 못 하는 이런 상황을 타개할 대안이 될 수 있을까요.

누구나 상상했을 법한 AI 의사의 상용화 단계가 거의 임박했습니다. 미국 빅테크들은 연이어 대화가 가능한 의료 AI 플랫폼을 공개했습니다. 거대언어모델(LLM)을 기반으로 다양한 의학 지식을 학습한 이들 AI는 의사 시험을 손쉽게 통과하고 환자의 개인 맞춤형 진료도 가능한 수준으로 발전했습니다. 국내에서도 루닛, 카카오, 네이버 등이 의료 상담이 가능한 LLM을 개발하고 있는 상황입니다.

챗GPT를 만든 오픈AI는 최근 의사가 암 환자를 진단하고 진료하는 데 도움을 주는 생성형 의료 AI 보조 플랫폼을 개발했습니다. 이 AI는 환자의 위험 요인, 가족력 등 데이터를 수집해 검진 계획을 짜고 병변 진단을 돕습니다. 아직 의사를 보조하는 방식으로밖에 사용할 수 없지만 2024년 하반기부터 20만 명 이상의 환자가 해당 서비스를 이용할 수 있도록 할 계획입니다.

생성형 AI는 이용자의 요구나 상황에 따라 결과를 능동적으로 생성해내는 기술을 말합니다. 의료 분야에 딥러닝과 언어 활용이 가능한 AI를 적용하면 수많은 패턴을 기억해 스스로 학습하고 이를 활용해 질환을 판단할 수 있게 되는 것입니다. 특히 AI가 인간 전문의보다 강점을 보일 것으로 예상되는 분야는 영상 판독 분야입니다. 엑스레이 등의 영상을 보고 특이점을 판단하는 부분에서 인간보다 오류가 낮을 수 있다는 임상 결과가 속속 등장하고 있는 상황입니다.

구글도 의학적 질문에 대한 답을 내놓거나 건강 관련 문서 요약 등의 작업을 수행할 수 있는 생성형 AI '메드팜2(Med-PaLM 2)'를 2024년 안에 출시할 계획입니다. 구글은 이미 2020년 유방암 분야에서 AI가 전문의보다 영상 판독 정확도가 높다는 것을 입증한 바 있습니다.

루닛 관계자는 "의료 영상 분야의 AI는 사람의 시각 중추를 본뜬 딥러닝 기술이 핵심"이라며 "결국 학습을 많이 할수록 오류는 줄어들고 능력은 좋아질 수밖에 없다. 이 같은 흐름은 시대적으로 어쩔 수 없는 것"이라고 설명했습니다.

국내 루닛·카카오·네이버, 헬스케어 분야 생성형 AI 개발 막바지

국내에서는 루닛, 카카오, 네이버가 대화가 가능한 AI 의사를 개발하고 있

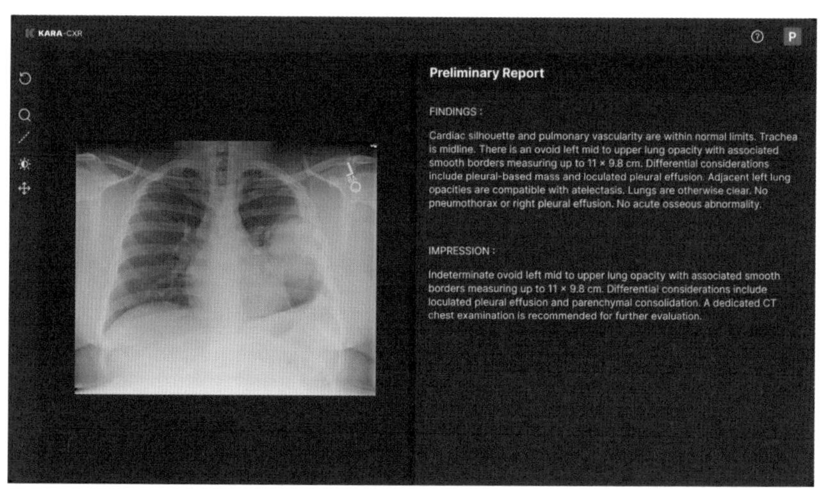

흉부 엑스레이 사진을 분석, 초안 판독문을 자동으로 생성해 의사가 빠르게 최종 판독을 내릴 수 있도록 돕는 생성형 AI인 카카오브레인의 카라-CXR.

습니다. 루닛은 흉부 엑스레이를 해석해 의사들이 볼 수 있는 간단한 판독문을 써주는 LLM을 만들었고, 시연을 마쳤습니다. 최종적으로는 AI가 독립적으로 영상을 판독할 수 있는 '자율형 AI'를 개발하는 것이 목표입니다. 상용화 시기는 알려지지 않았지만 데이터 학습을 지속적으로 진행 중인 과정으로 파악됩니다. 챗GPT, 구글 등 해외 업체와 한국의 카카오브레인에 이어 의료 분야 생성형 AI 탄생을 예고하고 있습니다.

그간 엑스레이 영상에 대한 판독은 방사선전문의나 치료 임상의가 직접 해왔습니다. 그러나 인간의 눈은 피로도에 따라 변하기 때문에 놓치는 지점이 있을 수 있는 것이 현실입니다. 하지만 AI는 사람 눈으로는 분간이 어려울 정도로 영상을 작게 쪼개고, 그 안에 AI가 인지하고 학습한 미세한 패턴이 나타나는지 확인할 수 있습니다. 특정 부위가 유독 어둡다거나 균질하지 않은 형태를 띠면 병변이 있다고 진단할 수 있는 것입니다.

루닛 관계자는 "생성형 AI 관련 테스크포스(TF)를 구성해 지속적인 학습을 진행하고 있다"며 "흉부 엑스레이의 경우 생성된 판독문을 제품에 연동하는 방식에 따라 사용자가 다양한 방식으로 활용할 수 있도록 구현될 예정"이라고 설명했습니다.

백승욱 루닛 의장 또한 해당 모델에 대한 기대감을 나타낸 바 있습니다. 백 의장은 한 인터뷰에서 "예전 모델은 엑스레이를 집어넣으면 어떤 질환이 있는지 우리가 지원하는 10개의 병변에서만 결과를 내놨다"며 "하지만 생성형 AI 모델은 모든 판독문과 모든 영상을 가지고 학습했기 때문에 모든 질병 가능성을 이야기해줄 수 있다"고 강조했습니다.

다만 초기에는 의사들의 진단을 돕는 정도로만 사용될 예정입니다. 백 의장은 "판독문을 쓰고 환자한테 이 영상을 쉬운 표현으로 설명해주는 이메일을 써줘 등의 일을 시키면 잘하더라"고 말했습니다.

카카오 자회사인 카카오브레인도 흉부 엑스레이 사진에 대해 초안 판독문을 자동 생성해 의사가 빠르게 최종 판독을 내릴 수 있도록 돕는 생성형 AI 모델 출시를 앞두고 있습니다. 이미 카카오브레인의 카라(KARA)–CXR은 오픈AI의 LLM인 GPT–4를 능가하는 진단 성능을 입증했습니다. 인하대병원 연구진이 국제학술지 〈다이아그노스틱스(Diagnostics)〉를 통해 공개한 데이터에 따르면 카라 CXR의 정확도는 68~70% 수준으로, GPT–4(40~47%)보다 20%포인트 이상 높았습니다.

네이버는 자체 개발한 LLM '하이퍼클로바(HyperCLOVA)X'를 활용한 헬스케어 서비스를 테스트하고 있습니다. 헬스케어연구소 산하 사내 병원을 활용, AI 기반 다이어트 프로그램으로 직원들의 체중 관리에 도움을 주는 방식입니다. 또한 생성형 AI를 활용한 진료 차트 생성, 네이버 예약 시스템을 활용한 환자–의료진 연결, 독거노인 대상 AI 의료 케어 전화 서비스 등 다양한 의료 플랫폼 출시를 앞두고 있습니다.

나군호 네이버헬스케어연구소장은 "2028년이 의료 AI 실용화의 원년이 될 것으로 전망한다"며 "네이버의 경우 순천향대병원 간호사들의 음성파일을 학습한 음성인식 전자의무기록(EMR) 개발을 완료했다. 삼성의료원 응급실과 실증사업 중이며, 이르면 2024년 말이나 2025년 중 의료기관에 제공할 수 있을 전망"이라고 밝혔습니다.

PART
02

기술 시대의 토대

5

하이브리드 본딩

2023년부터 시작된 고대역폭메모리(HBM) 열풍이 식지 않고 있습니다. 메모리 반도체인 D램을 위로 쌓아 만드는 HBM은 이제 누가 더 높이 쌓는지를 겨루는 적층 경쟁 양상으로 번집니다. 따라서 이 D램을 잘 쌓고 잘 포장하는 '패키징' 기술이 경쟁력을 좌우하는 핵심인데요. 그 중심에는 '하이브리드 본딩(hybrid bonding)'이 자리하고 있습니다. 어렵게만 느껴지는 하이브리드 본딩의 원리는 무엇인지, HBM에는 언제부터 적용되는 건지 파헤쳐 설명하겠습니다.

구멍 뚫고 구리 배선 넣고… 적층 기술 결집한 HBM

하이브리드 본딩이 차세대 HBM의 경쟁력을 가를 핵심 요소로 떠오르는 이유는 기존에 HBM을 만들던 방식보다 더 많이 D램을 위로 쌓으면서도 같은 높이를 유지할 수 있기 때문입니다. 같은 크기, 같은 높이에서 더 좋은 성능을 내는 건 모든 반도체 기업들의 숙원입니다. 차세대 HBM 시장을 선점하기 위해 삼성전자와 SK하이닉스 모두 하이브리드 본딩 기술개발에 적극적으로 매진하고 있습니다.

하이브리드 본딩을 이해하기 위해서는 기존에 HBM을 어떻게 만들고 있는지 알 필요가 있습니다. 하이브리드 본딩이 주목받는 건 기존 제조 방식의 한계 때문이죠.

먼저 HBM은 D램 여러 개를 수직으로 쌓아 실리콘관통전극(TSV) 패키징 기술로 데이터가 지나는 통로를 만듭니다. D램에 정보가 들어오고 나가는 이 통로를 입출구(I/O)라고 합니다. 현재 출시된 HBM은 이 통로가 1,024개입니다. 원래 그래픽처리장치(GPU) 주변에 탑재하는 메모리는 그래픽용 D램인 GDDR D램인데 이 제품은 입출구 통로가 32개입니다. 정보가 오가는 통로 숫자부터 차이가 나죠. 이 입출구가 많을수록 데이터를 빠르게 처리할 수 있습니다. HBM이 AI 시대에 AI 가속기용 메모리로 주목받는 배경입니다.

HBM은 TSV 기술로 뚫은 각각의 구멍에 구리처럼 전기신호를 잘 전달할 수 있는 소재를 꽉 채웁니다. 이 1,024개 구멍에 채운 각 구리 배선과 D램 칩에 얹은 전도성 마이크로 범프를 정교하게 연결합니다. 1,024개의 배선 바깥에 작은 구리 돌기를 만들고 이 돌기 바깥쪽에 납을 얹어 납땜하죠. 이렇게 각 D램을 전기적으로 서로 이어줍니다.

정보가 다닐 입출구를 만들고 각 D램을 연결했으니, 이제는 D램 사이사이 비어 있는 공간을 잘 메워야 합니다. 이는 삼성전자와 SK하이닉스의 방식이 다릅니다.

삼성전자는 'TC-NCF(Thermo Compression-Non Conductive Film)'라는 방법으로 HBM을 만듭니다. D램을 쌓으면서 중간중간 얇은 비전도성 필름(NCF)을 넣은 뒤 열로 압착하는 방식입니다. 열을 가하면 이 NCF 필름이 녹으면서 범프 사이사이를 메우고 접착제처럼 칩을 붙입니다. 이 필름은 범프와 배선 외에서는 전기 흐름을 통제하는 절연체 역할도 합니다.

이 방식은 칩 사이의 공간을 완벽히 메울 수 있습니다. 칩이 휘는 '워피지(Warpage)' 현상을 예방하는 데에도 강점을 보입니다. 하지만 열과 압력을 1,024개나 되는 각 범프에 일정하게 전달하기가 쉽지 않을 수 있습니다. 또 칩을 쌓아 연결하기 전에 더 얇게 만들기 위해 D램 뒤쪽을 갈아내는 '그라인딩' 작업을 하는데요, 이때 두께가 균일하지 않으면 칩 곳곳에 미치는 압력도 달라집니다. 불량률이 높아진다는 것이죠. 칩 하나하나에 열압착을 진행하는 방식이라 생산성도 낮습니다. 한 번에 대량의 제품을 만들기는 어렵다는 의미입니다.

SK하이닉스는 이 같은 문제점 때문에 다른 방식을 쓰고 있습니다. MR-MUF(Mass Reflow-Molded UnderFill) 공정입니다. 먼저 1차 작업으로 D램 칩을 쌓아 붙인 뒤 오븐과 같은 장비에 여러 개의 칩을 넣어 열을 가해 납땜을 합니다. 이 장비 안에서 납이 녹으며 때우는 방식입니다. 이 작업이 MR, 매스 리플로우입니다.

MR 공정 뒤에는 MUF 작업을 합니다. 납땜 작업을 마친 HBM의 칩 사이사이에 끈적끈적한 액체를 흘려 넣습니다. 이 액체는 비교적 낮은 온도에서도 단단하게 굳습니다. 이 과정을 '언더필' 작업이라고 부릅니다. 칩을 보호하는 껍데기 마감 작업인 '몰딩'도 동시에 합니다.

MR-MUF 방식은 칩 사이를 끈적한 액체로 채우는 만큼 추가로 열을 가하는 작업이 필요 없어 열에 의한 칩 손상 걱정을 덜어낼 수 있습니다. 또 공정이 간단하고 대량생산에 유리해 생산성이 향상됩니다. SK하이닉스가 HBM 시장 1위를 지키고 있는 것도 이 같은 공정 차이 때문이라는 의견이 많습니다. 시장조사업체 트렌드포스(TrendForce)에 따르면 2023년 전 세계 HBM 시장에서 SK하이닉스가 점유율 53%로 1위를 차지했습니다. 반도체업계 관계자는 "제품의 완성도나 생산성 측면에서 현재까지는 TC-NCF보다 MR-MUF 방식이 우위에 있는 상황"이라고 언급했습니다.

적층 D램 높아지는 HBM… "삼성·SK 모두 한계 명확"

다만 MR-MUF 방식 역시 한계가 있습니다. 앞으로도 MR-MUF에서 사용하는 끈적한 액체를 칩과 범프 사이사이에 잘 흘려 넣을 수 있을까 하는 문제입니다. 더 성능 좋은 HBM을 만들기 위해 메모리 기업들은 적층 경쟁을 벌이고 있습니다. 이에 높이를 일정하게 유지하되 적층하는 D램 간 간격을 좁게 만들어야 하는 과제가 생깁니다. 높이를 고려하지 않고 무작정 쌓는다면 고사양 제품을 만들기는 쉽겠지만 반도체가 커져 디바이스 자체의 크기 설계에도 반영될 수밖에 없습니다. IT 디바이스를 만드는 고객사들은 가능한 작은 크기의 반도체를 원하는데 이러면 HBM 물량을 수주하기가 어렵겠죠.

또 6세대 HBM4부터는 입출구 숫자가 기존 1,024에서 2배 많은 2,048개까지 늘어납니다. 반도체 면적은 같은데 더 많은 입출구를 넣어야 하니 입출구 사이 간격을 좁혀야 합니다. 이 좁은 공간에 끈적한 액체가 제대로 스며들 수 있을지 불투명한 것이죠. 액체가 구석구석 흘러가 굳지 않으면 열 방출에 문제가 생길 수 있고, 발열은 반도체 성능을 저하시킬 수 있습니다. D램을 얇게 만들어 쌓더라도 이 역시 열에 취약해질 우려를 키웁니다.

반도체업계의 다른 관계자는 "MR-MUF에서 사용하는 끈적한 액체가 칩 구석구석에 흘러 들어가지 않으면 열을 방출하는 등 성능에서 문제가 발생할 수 있다"고 설명했습니다.

D램끼리 직접 붙이는 하이브리드 본딩

이 때문에 삼성전자와 SK하이닉스 모두 하이브리드 본딩 방식을 개발하고 있습니다. 칩과 칩 사이를 연결하는 범프와 접착제 없이도, 유전체와 구리 소재만을 이용해 칩끼리 직접 붙이는 방식입니다.

단계별로 자세히 보겠습니다. 웨이퍼에 유전체인 산화막과 금속 물질 구리를 채워 넣습니다. 그리고 연마 작업인 CMP 공정을 통해 구리와 유전체를 울퉁불퉁하지 않고 평탄하게 만듭니다. 이때 구리는 뒤에 있을 열처리 작업을 위해 조금 더 움푹하게 파는데 이를 디싱(dishing)이라고 합니다. 다음은 플라스마 조사 공정을 거쳐 각 칩의 유전체 표면이 화학적으로 접합할 수 있도록 활성화시킵니다.

이후 본딩, 즉 칩과 칩을 붙이는 작업을 진행합니다. 유전체는 유전체끼리, 구리는 구리끼리 붙이는 1차 접합입니다. 이로써 유전체는 가접합됩니다. 유전체 사이의 '반데르발스 힘(van der Waals force)'을 이용하는 것인데요. 가까운 거리에서 분자 사이에 작용하는 인력을 뜻합니다. 유전체는 일단 붙었지만 구리는 움푹하게 만드는 디싱 작업을 거친 탓에 아직 서로 완전히 붙지는 못한 상태입니다.

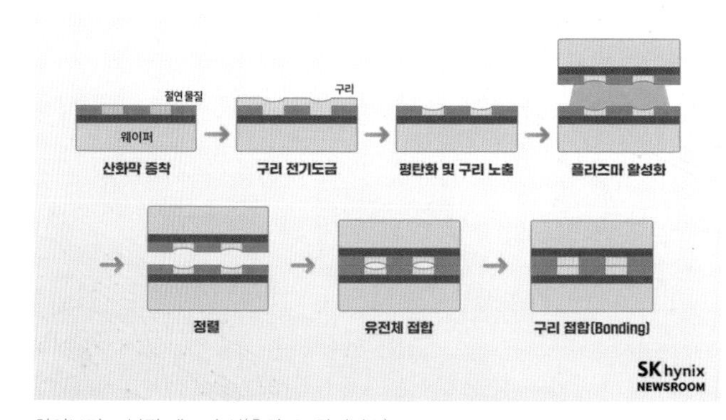

하이브리드 본딩 제조 순서(출처: SK하이닉스).

다음은 열처리입니다. 절연체는 화학적 결합으로 붙긴 했지만 150℃ 정도의 열을 가해 더욱 단단하게 연결시킵니다. 구리 부분에도 열을 주는데요. 150~350℃ 사이의 더 높은 열을 가해 구리가 팽창하도록 합니다. 위·아래 칩의 구리가 팽창하면서 홈을 채우고 서로 붙습니다. 이 같은 열처리를 '어닐링(annealing)' 작업이라고 합니다.

더 쌓고도 높이 낮추지만… 비싸고 어려운데, 언제쯤?

하이브리드 본딩의 특징은 구리와 절연체, 서로 다른 특성의 두 물질을 한 웨이퍼 안에서 붙인다는 점입니다. 이 때문에 '하이브리드'라고 부릅니다. 구리는 전기가 잘 통하는 반면 절연체로 쓰이는 산화막은 전기가 통하지 않는 물질입니다. 또 각 칩을 붙이기 전 CMP 공정은 전공정에 해당하고 각 칩을 붙이는 과정이 후공정에 해당해, 전공정과 후공정을 아우르는 하이브리드적인 면도 있습니다.

하이브리드 본딩의 장점은 기존 수준의 높이를 유지하면서도 더 많은 D램을 쌓을 수 있다는 것입니다. 각 D램을 연결하는 범프가 없으니 같은 개수의 D램을 쌓는다면 높이를 낮출 수 있습니다. D램을 더 많이 쌓으면 처리 가능한 데이터도 늘어납니다. 범프가 없으니 칩과 칩 사이의 거리도 가까워집니다. 신호 전송속도가 빨라지는 것이죠. 고사양 HBM 제조에 하이브리드 본딩은 피할 수 없는 방식입니다.

또 일각에서 AI 거품론이 나오지만 산업과 사회의 방향성은 AI를 향하고 있습니다. 지금은 태동기죠. 더 차별화한 AI 솔루션을 기대하는 수요가 부풀고, 더 고성능의 AI를 지원하려는 기업들이 등장할 것이며, AI 학습에 필요한 고사양 HBM 수요 증가는 불가피합니다. 이에 우리 메모리 기업들은 6세대 HBM4를 준비하며 하이브리드 본딩 적용을 검토하는 상황입니다.

아직까지 삼성전자와 SK하이닉스가 하이브리드 본딩의 기술개발 현황을 구체적으로 공개한 적은 없습니다. 다만 SK하이닉스는 2024년 2분기 실적 발표 컨퍼런스 콜을 진행하면서 HBM4부터 하이브리드 본딩을 적용할지 검토하고 있다고 했습니다.

당시 SK하이닉스는 "하이브리드 본딩은 칩과 칩 사이를 마이크로 범프 없이 직접 붙이는 방식인데 패키징 높이를 줄일 수 있어서 단수 증가에 대비해 연구 중"이라며 "HBM4 16단은 오는 2026년에 수요가 발생할 것으로 예상하고 이에 맞춰 개발할 예정인데 어드밴스드 MR-MUF, 하이브리드 본딩 방식 모두 검토하고 있다"고 설명했습니다.

삼성전자는 하이브리드 본딩 도입 일정에 관해 구체적으로 언급한 적이 없습니다. 다만 2024년 4월 광주광역시 광주국립아시아문화전당에서 열린 '한국마이크로전자및패키징학회 2024 정기 학술대회'에 참석해 하이브리드 본딩을 적용한 16단 HBM 시제품을 만들었다고 밝혔습니다. HBM3 기반으로 하이브리드 본딩을 적용했으나 향후에는 HBM4로 양산성 개선을 준비한다는 계획입니다. 두 회사 모두 12단 HBM4까지는 기존 방식을 유지할 것으로 예상되나 16단 제품부터는 하이브리드 본딩을 도입할 가능성이 열려 있습니다.

하이브리드 본딩은 분명히 혁신적인 기술이고 필요성이 큽니다. 그러나 양산하기에는 기술 난도가 너무 높습니다. 각 D램 칩을 붙이기 전 웨이퍼 연마 과정에서 구리 및 유전체 표면에 불순물이 존재해서는 안 됩니다. 불순물은 수율 확보에 부정적 영향을 미칩니다. 이에 세정 공정이 필수입니다. 또 구리에 형성하는 홈이 너무 깊게 파이지 않도록 연마 작업인 CMP 공정을 정교하게 진행해야 합니다. 그렇다고 이 홈, 즉 디싱이 거의 없는 수준으로 CMP 공정 시간을 짧게 가져가면 추후 열처리 과정에서 구리가 과팽창

돼 인접한 유전체의 결합력을 떨어트릴 수 있습니다.

과팽창 우려가 있는 만큼 유전체와 구리를 웨이퍼에 채울 때 적절한 비율을 잘 찾아야 합니다. 구리 팽창으로 칩을 연결하니 구리 품질도 중요하겠죠. 발열을 줄이기 위해 붙이는 수만 개의 더미 범프 역할을 대체할 방법 역시 찾아야 합니다.

기술 난도가 높다는 건 공정 시간이 늘고 생산 단가가 오른다는 뜻입니다. 안정적인 수율 확보도 쉽지 않습니다. 이런 탓에 업계에선 하이브리드 본딩을 적용해 제품을 만들 경우 기존 TC-NCF나 MR-MUF 방식보다 3~4배 비쌀 것으로 보고 있습니다.

하이브리드 본딩의 성공적 도입을 위해서는 충분한 연구개발(R&D)이 선행돼야 합니다. 우리 기업들은 이미 R&D 투자를 공격적으로 진행하고 있습니다. 삼성전자는 2023년 반도체 불황에도 R&D 투자에 각각 28조 3,400억 원을 썼습니다. 전년도인 2022년 24조 9,192억 원 대비 13.7% 증가한 규모입니다. 2022년 역시 하반기에 업황이 나빴지만 R&D 투자를 전년 대비 11.2% 늘렸습니다.

SK하이닉스는 2023년 R&D에 4조 1,884억 원을 썼습니다. 2023년은 1~3기에 기록한 영업손실로 인해 적극적으로 R&D 금액을 늘리기 어려웠고 이에 전년도인 2022년 4조 9,053억 원보다 소폭 줄었습니다. 그러나 매출액 대비 R&D 비중으로는 2022년 11%에서 2023년 12.8%로 늘었습니다. 매출 감소 때문에 투자 속도를 조절했지만 공격적 R&D 기조는 어느 정도 유지했습니다.

게다가 HBM4 높이 규격에 다소 숨통이 트이며 하이브리드 본딩 기술을 빨리 완성해야 한다는 압박감을 다소 덜었습니다. 보다 꼼꼼하고 정교한 기술개발이 가능한 것이죠. 국제반도체표준협의기구(JEDEC·제덱)가 아직

HBM4 규격을 구체적으로 밝히지는 않았지만 높이 제한을 기존 720μm(마이크로미터)에서 775μm로 완화하기로 의견을 모은 것으로 알려집니다. 제덱은 반도체 표준규격을 제정하는 민간 표준기구인데요. 메모리 공급사는 물론 반도체 설계 전문 팹리스 기업들도 포함돼 있습니다. 제덱이 반도체 표준을 발표하면 각 업계에서는 표준에 맞춰 반도체를 개발해야 합니다.

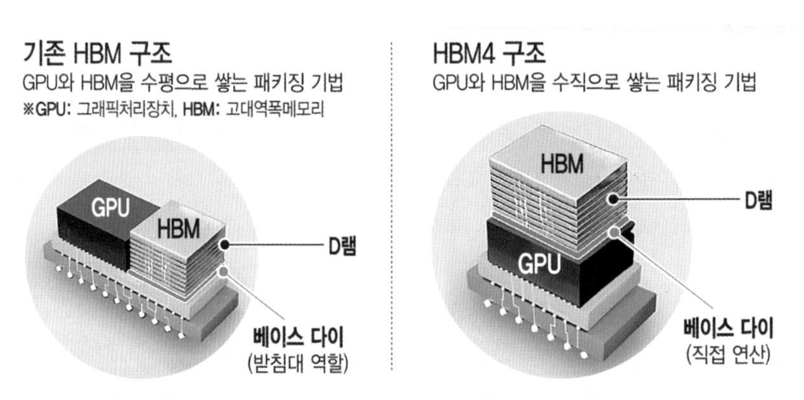

HBM 및 HBM4 구조.

720μm는 현재 쓰이는 HBM 높이 수준입니다. 만일 제덱이 높이 기준을 그대로 유지한다면 16단 HBM을 만들 경우 기존 12단 HBM과 같은 높이를 지키면서 16단을 쌓아야 하기 때문에 하이브리드 본딩은 필수가 됩니다. 삼성전자와 SK하이닉스는 16단 HBM4부터 하이브리드 본딩을 적용할지 검토하고 있지만 시장성이 확보되지 않는다면 16단까지는 기존 방식을 사용할 수 있습니다. 제덱도 높이 제한을 완화한 만큼 운신의 폭이 있는 셈이죠. 하이브리드 본딩을 준비할 시간이 좀 더 생겼다는 의미이기도 합니다. 제덱의 정확한 HBM 규격은 2024년 내에는 나올 것으로 예상됩니다.

하이브리드 본딩, 장비 시장도 경쟁 불붙어

하이브리드 본딩을 구현하려면 삼성전자와 SK하이닉스의 자체 기술력 외에 우수한 장비도 필요합니다. CMP 장비와 플라스마 조사에 필요한 장비는 어플라이드머티어리얼즈(AMAT)라는 미국 기업이 잘 만듭니다. 구리와 유전체를 정밀하게 붙이는 장비는 네덜란드에 위치한 반도체 장비 회사 베시(BESI)가 세계에서 유일하게 만들고 있습니다.

하이브리드 본딩 장비가 이미 세상에 나왔다는 건 이를 사용하고 있다는 기업이 있다는 뜻입니다. 바로 파운드리(반도체 위탁생산) 1위인 대만 TSMC입니다. TSMC는 'SoIC(System On Integrated Chips)'라는 패키징 브랜드를 만들어 2022년부터 제품을 생산하고 있는데요, SoIC가 바로 하이브리드 본딩을 활용하는 방식입니다. 애플, 브로드컴, 엔비디아, AMD 등 굵직한 대형 고객사들은 이미 이 서비스를 이용하는 것으로 알려졌습니다.

하이브리드 본딩이 메모리로 점차 확산하는 만큼 메모리용 장비 역시 중요성이 더 커질 전망입니다. 이에 국내 반도체 장비업계에서도 시장에 진출하기 위해 하이브리드 본딩 장비 개발에 매진하고 있습니다. 한화정밀기계는 국내 전공정 업체인 제우스와 하이브리드 본딩 장비를 준비 중입니다. TC본더로 유명한 한미반도체는 2026년 하이브리드 본더를 내놓는 등 HBM 기술 흐름에 맞춰 새로운 장비를 갖춘다는 청사진을 소개한 바 있습니다.

차세대 D램·낸드도 하이브리드 본딩… "생태계 구축 힘 실어야"

메모리 반도체는 매번 과제에 부딪힙니다. 더 좋은 성능을 구현하면서도 더 작게 만들거나 더 높이 쌓아야 하는 게 숙명입니다. 이는 반도체 기술 발전의 역사이기도 합니다. 차세대 패키징으로 하이브리드 본딩이 주목받는 건

당연한 결과입니다.

지금은 HBM에 많은 관심이 집중되고 있어 하이브리드 본딩도 HBM과 엮여서 자주 언급됩니다. AI 메모리 효과가 가장 큰 제품이 HBM이니 자연스러운 현상이긴 합니다.

다만 하이브리드 본딩은 HBM만을 위한 패키징은 아닙니다. 같은 두께를 유지하면서도 더 많은 층을 쌓을 수 있다는 기술 특징상, 초고층 낸드 구현에서도 하이브리드 본딩은 유용합니다.

현재 업계의 주류 낸드는 200단대이고, 공개된 최고 층수는 321단입니다. 2025년 하반기부터는 400단 경쟁을 시작할 전망입니다. 400단대 낸드부터는 하이브리드 본딩을 적용할 것으로 예상됩니다. 낸드는 데이터를 기록하는 공간인 셀을 여러 층 쌓으면서 적층하는데요. 이때 셀 구동 회로 영역인 페리페럴(페리) 위에 셀을 차곡차곡 쌓습니다. 이 과정은 웨이퍼 한 장에서 이뤄집니다. SK하이닉스는 이를 '페리언더셀(PUC)'이라고 부르고 삼성전자는 '셀온페리(COP)'라고 호칭합니다. 그러나 위로 쌓는 셀이 많아지면서 셀을 쌓는 과정에서 페리가 손상될 우려가 커졌습니다. 셀 적층 시 발생하는 높은 열과 압력을 견디지 못하는 겁니다.

하이브리드 본딩을 적용하면 이러한 문제를 해결할 수 있습니다. 셀과 페리를 서로 다른 웨이퍼에서 구현한 뒤, 이 각각의 웨이퍼를 서로 붙여 초고층 낸드를 만드는 방식입니다.

차세대 3D D램에서도 하이브리드 본딩이 쓰일 것으로 보입니다. D램의 미세화 한계를 극복하기 위해 연구 중인 3D D램은 수평으로 쌓던 D램을 낸드처럼 수직 적층해보자는 아이디어에서 시작했습니다. 3D D램도 페리와 셀 웨이퍼를 따로 만든 뒤 하나로 붙이는 하이브리드 본딩이 쓰일 전망입니다.

김형준 차세대지능형반도체사업단장(서울대 명예교수)은 "하이브리드 본딩은 HBM에만 쓰이는 게 아닌, 기존에 마이크로 범프를 사용했던 메모리 반도체라면 범용적으로 적용할 수 있는 기술"이라며 "특히 D램 구조가 3D로 갈 수밖에 없는 상황에서 하이브리드 본딩 기술의 중요성이 크다"고 언급했습니다. 차세대 메모리 분야에서 삼성전자와 SK하이닉스 등 우리 기업들이 시장을 선점하려면 하이브리드 본딩 역량이 중요하다는 점을 강조한 것입니다.

우리 반도체 기업들이 하이브리드 본딩 기술을 하루빨리 확보하려면 장비업계의 기술력도 받쳐줘야 합니다. 이에 김 사업단장은 메모리 제조기업과 장비업체의 협력을 하이브리드 본딩 기술 확보의 필수 요소로 꼽았습니다. 반도체 장비 회사의 제품을 테스트하는 등 협력체계를 갖추는 동시에 생태계 육성에 반도체 대기업들이 기여해야 국가적인 경쟁력 향상에도 도움이 될 것이란 설명입니다.

김 사업단장은 "대만 파운드리 1위 TSMC는 후공정 기업들과 탄탄한 협력관계를 만들어놓았는데 이 역시 TSMC의 큰 경쟁력 중 하나"라며 "우리도 원청인 반도체 제조기업과 장비업체의 협력이 이뤄져야 경쟁력을 높일 수 있다"고 말했습니다.

CXL·PIM

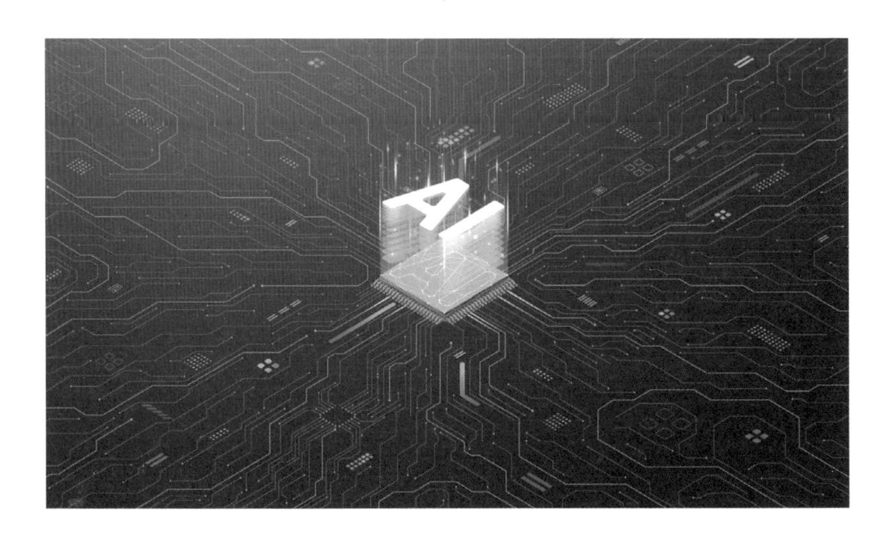

챗(Chat)GPT의 탄생으로 생성형 인공지능(AI) 시대가 본격적으로 열리면서 반도체 시장도 격변하고 있습니다. 엔비디아(NVIDIA) 그래픽처리장치(GPU)를 중심으로 형성된 AI 반도체산업은 인텔 등 전통적인 강자들이 밀려날 정도로 막강하죠. 메모리 반도체는 엔비디아 공급 여부에 따라 주도권 탈환이 결정될 정도로 고대역폭메모리(HBM) 개발 경쟁이 매우 치열합니다. 그런데 잠깐. 이와 동시에 '넥스트 HBM', 즉 차세대 메모리에 대한 관심이 함께 늘고 있습니다.

AI로 일상생활은 물론 업무 환경까지 '살기 좋은 세상'이 구현되고 있습니다. 그러나 지금은 AI 초창기 시대란 점을 주목해야 합니다. 앞으로 AI 기술의 발전으로 머지않은 미래에선 처리해야 할 데이터 양은 물론 전력량까지 폭발적으로 늘면서 지금의 컴퓨팅 장비로는 감당하기 어려운 때가 도래할 것입니다. 고성능·고용량 메모리에 대한 요구가 높아지면서 동시에 '저전력'이란 문제를 해결해주는 차세대 메모리의 기대감이 높아지는 이유입니다.

시스템 '한계' 도래… CXL로 통합·확장 실현

컴퓨트 익스프레스 링크(CXL·Compute Express Link)는 말 그대로 '빠르게(Express) 연결해서(Link) 연산한다(Compute)'는 뜻입니다. 그동안 반도체들은 사용하는 언어가 다 달라서 효율적으로 연결하기 어려웠는데 이를 CXL로 통합해 연결하는 구조입니다. 여기에 용량 확장 기능까지 있으니 일거양득인 셈이죠. CXL을 활용하면 시스템 연산 속도와 데이터 처리 속도 향상은 물론 지연 시간까지 줄어든다는 장점이 있습니다.

현재 AI로 데이터 처리량이 기하급수적으로 늘면서 기존의 컴퓨팅 구조는 점차 한계에 부딪히고 있습니다. 시스템 반도체를 중심으로 한 메모리 확장엔 제한이 있는 셈이죠. 가령 GPT-3 모델은 엔비디아의 A100 가속기를 1,500여 개 활용해 학습 시간을 23일까지 단축했지만, GPT-4의 경우 A100 개수를 2배로 늘려도 학습 시간이 83일로 크게 늘어납니다. 아무리 가속기를 돌려도 처리량을 대폭 늘리는 게 힘들다는 거죠. 중앙처리장치(CPU)당 연결할 수 있는 D램의 평균 최대치는 16개에 불과합니다.

이런 문제를 해결하기 위해 '메모리 중심 컴퓨팅' 개념이 등장했고 CXL 개발로 이어졌습니다. 현재 서버 내 D램은 한 개의 호스트인 CPU와 연동된 구조입니다. 수많은 CPU가 데이터센터에 있는데도 정해진 CPU와 D램만 서로 연산하기 때문에 비효율적이죠. 게다가 메모리, 스토리지, 가속기, 네트워크 등이 CPU와 소통하는 언어가 모두 달라 통합하기가 어려웠습니다. 마치 영어가 없는 세상에서 외국어 통역을 위해 국가별로 통역사를 한 명씩 두는 상황인 거죠.

SSD처럼 꽂아서 사용… '메모리 풀링'이 열쇠

용량 확장은 CXL 2.0에 탑재된 '메모리 풀링(Pooling)'으로 실현 가능해졌습니다. 메모리 풀링은 서버 플랫폼에서 여러 개의 CXL 메모리를 묶어 풀(Pool)을 만들고, 여러 호스트가 풀을 공유하며 필요에 따라 메모리를 효과적으로 할당하고 해제하는 기술입니다.

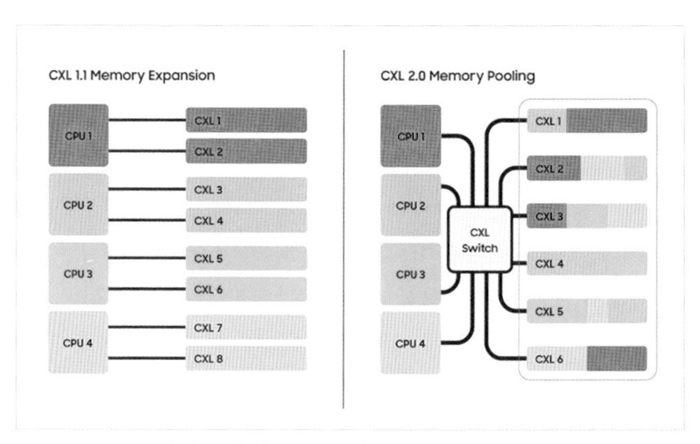

CXL에 쓰이는 메모리 풀링 기능(출처: 삼성전자).

가령 5명이 각각 1L짜리 페트병을 갖고 있다고 생각해봅시다. 1L 넘는 물을 마시고 싶으면 다른 사람에게 요청해서 받아야 하는데 시간이 너무 오래 걸리죠. 그러나 메모리 풀링처럼 큰 물통에 5리터를 한 번에 담아두고 공유하면 필요할 때 언제든지 물을 마실 수 있고, 물이 부족하면 요청할 필요 없이 바로 가져다 쓰면 됩니다. 효율적인 메모리 관리가 가능해지고 할당되는 시간은 줄어드는 것이죠.

그렇다면 이런 궁금증이 생깁니다. 이렇게 큰 용량의 물통을 반도체에 넣을 자리가 있을까? CXL의 모양을 보면 마치 솔리드스테이트드라이브(SSD·Solid-State Drive)와 비슷하게 생겼습니다. 같은 폼팩터를 쓰기 때문이죠. 실제로 기존 데이터센터나 서버에서 SSD를 꽂던 자리에 CXL 콘트

롤러를 꽂기만 하면 손쉽게 테라바이트 수준의 거대 용량을 확보할 수 있단 장점이 있습니다. 그동안 용량 확장을 위해선 추가로 서버를 증설해야 해서 기회비용이 컸는데 고객사 입장에선 비용 절감 효과가 있는 것이죠.

그러나 CXL 2.0도 여전히 확장성에 한계가 있었습니다. 메모리와 메모리, CPU와 CPU 간 정보 공유가 어렵기 때문이었죠. 다음 세대인 CXL 3.0이 통로를 일원화하며 이전 세대의 문제점을 해결했고 다수의 CPU, GPU가 한 개의 메모리에 같이 접속해 연산할 수 있게 됐습니다. 드디어 모든 프로세서와 메모리들이 한 팀으로 연산하는 기능을 구현한 셈입니다.

CXL은 현재 3.0까지 개발 완료됐습니다. CXL 3.0에서 스위치를 다단계처럼 연결하면 이론적으로는 거의 무한대에 가까운 메모리 확장이 가능합니다. 메모리 풀을 스위치로 계속해서 이을 수 있으니 메모리 업체 입장에선 발열 등 별다른 문제가 없으면 대용량 구현이 가능한 거죠.

CXL 2024 연말 상용화 목표, 삼성·SK 주도권 경쟁

CXL 1.0은 2019년 3월, CXL 2.0은 2020년 11월, CXL 3.0은 2022년 8월 출시됐지만 시장이 열리진 않았습니다. 업계에선 CXL 2.0 기술을 탑재한 CPU가 2024년 하반기에 출시되면 시장이 본격적으로 열릴 것으로 내다보고 있습니다. 지금의 HBM처럼 돌풍을 일으킬 시점은 오는 2028년쯤으로 전망하고 있죠.

반도체 전문 시장조사업체 욜인텔리전스(Yole Intelligence)에 따르면 CXL 시장규모는 2022년 1,700만 달러(약 234억 원)에서 2028년 158억 달러(약 21조 7,000억 원)로 확대될 전망입니다. 그중 삼성전자와 SK하이닉스가 주력하는 CXL D램 시장은 2026년 15억 달러(약 1조 9,821억 원), 2028년 125억 달러(약 16조 5,175억 원)로 각각 전체 CXL 시장의 71%, 79%에 달할 것으로 예상됩니다. 2024년 CXL 2.0 도입, 2026년 CXL 3.0 도입이 본격화되면 CXL 시장이 급격히 성장할 것으로 추정됩니다.

시장 개화가 코앞이니 삼성전자와 SK하이닉스의 주도권 선점 경쟁 역시 치열합니다. HBM에서 선두를 뺏겨 더는 물러날 곳이 없는 삼성전자는 CXL 컨소시엄의 이사회 멤버로 활동하며 공격적으로 CXL 개발에 몰두하고 있습니다. SK하이닉스도 이에 못지않게 기술개발과 더불어 생태계 조성에 나서고 있는 상황입니다.

삼성전자 개발 현황을 보면 2021년 업계 최초로 CXL 기반의 D램 제품을 개발한 데 이어 2023년 5월 CXL 2.0 표준 기반의 D램을 개발했습니다. 2024년에는 CXL 2.0을 지원하는 CMM-D램(CXL Memory Module DRAM) 제품을 출시해 상용화에 속도를 높이고 있습니다.

2024년 6월엔 업계 최초로 세계 최대 오픈소스 운영체제인 리눅스 업체 레드햇(Red Hat)으로부터 인증받은 CXL 인프라를 구축하기도 했습니다. CXL 제품 인증을 삼성 메모리리서치센터(SMRC)에서 자체 완료한 후 레드햇 등록 절차를 즉시 진행할 수 있기 때문에 신속한 제품 개발이 가능하고, 고객과 개발 단계부터 제품 최적화를 진행해 맞춤 솔루션을 제공할 수 있게 된 거죠.

SK하이닉스는 △ 확장 솔루션(용량 확장) △ 풀드 메모리 솔루션(메모리 풀링 기능 추가) △ CMS 2.0(CXL 메모리에 연산 기능 통합) 등 CXL 기반 3가지 솔루션으로 시장을 공략하고 있습니다. 아울러 생태계 확대를 위해 CXL 메모리 전용 소프트웨어인 HMSDK 개발로 사용자들이 더욱 효과적으로 사용하도록 했죠. 최근엔 HMSDK의 주요 기능을 세계 최대 오픈소스 운영체제 리눅스에 탑재하기도 했습니다.

넥스트 HBM? 오해는 금물… 생태계 구축 필수

CXL은 시장 개화를 앞두고 최근 '넥스트 HBM'이란 수식어를 얻으며 점차 많은 관심을 받고 있습니다. HBM이 전성기에 도달했으니 '그 다음'이 궁금한 거죠. CXL이 HBM의 인기를 이을 차세대 메모리로 점쳐지고 있는 건 맞습니다. 다른 차세대 메모리 솔루션과 달리 상용화가 가시화되고 고객사들의 메모리 확장에 대한 요구가 커지면서 가장 유력해진 것이죠.

그렇지만 단순히 HBM을 '대체'하는 개념은 아닙니다. 지금까지 CXL에 대한 구동 원리에서 봤듯 CXL은 HBM을 대체하는 수단이 아니기 때문이죠. HBM은 D램을 건물처럼 층수를 올려 단순히 용량을 늘린 제품이라면 CXL은 메모리 용량을 늘리면서도 반도체들끼리 언어를 통합해 데이터들이 지나가는 통합된 통로를 만들어주는 기술입니다. HBM과 CXL 모두 각각 AI 솔루션 중 하나일 뿐이죠.

CXL 시장에서 남은 과제가 있다면 생태계 구축과 엔비디아의 채택 여부입니다. 모든 산업이 그렇듯 나 하나만 잘해서 굴러가는 시장은 없습니다. 기술 난이도가 높아지면서 스위치, 컨트롤러 등 하드웨어를 비롯해 소프트웨어의 뒷받침도 중요해졌습니다. 삼성전자는 수많은 업체들과 삼성 제품을 평가하고 엔지니어를 파견해 직접 가동시키면서 '협력'에 가장 중점을 두고 있다고 밝히기도 했죠. 여기에 AI산업을 이끄는 엔비디아가 얼마나 CXL에 전향적인 태도를 보일지도 중요한 열쇠입니다. 엔비디아는 현재 CXL과 비슷한 NV링크 기술을 독자적으로 보유하고 있어 CLX에 소극적인 모습입니다. AMD는 제노아(Genoa) CPU에 PCIe 기반의 CXL 레인(lane·데이터 전송 통로)을 128개나 사용한 반면 엔비디아는 H100 GPU에 16개만 사용하고 있죠. 앞으로 다른 글로벌 빅테크 기업들이 CXL을 얼마나 채택할지, 이로 인해 엔비디아가 NV링크를 포기할지가 관건입니다.

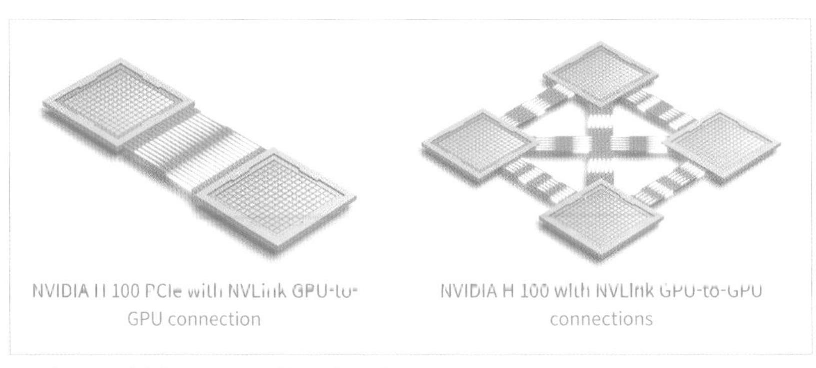

NVIDIA H 100 PCIe with NVLink GPU-to-GPU connection
NVIDIA H 100 with NVLink GPU-to-GPU connections

CPU와 GPU를 연결하는 NV링크 기술(출처: 엔비디아).

‘메모리=저장’ 고정관념 깬다… PIM으로 HBM을 똑똑하게

챗GPT에게 ‘오늘 날씨는 어때?’라고 물어보면 ‘오늘’, ‘날씨는’, ‘맑습니다’라며 한 글자씩 끊어서 답변하는 현상이 발생합니다. 데이터 처리량은 많은데 이동하는 고속도로가 막혀 발생하는 메모리 병목 현상 때문입니다. 앞으로 생성형 AI가 발전하면서 데이터 처리량은 더욱 늘어날 텐데 지연 현상 없이 한 번에 끊김없이 답변을 볼 순 없을까요?

AI 성능을 획기적으로 높이기 위해 등장한 차세대 메모리가 바로 ‘프로세싱 인 메모리(PIM·Processing In Memory)’ 입니다. ‘메모리=저장’이란 고정관념을 깨고 연산기능을 메모리 반도체에 넣어 저장도 하고, 계산도 하는 똑똑한 메모리로 탄생시켰죠. CXL과 달리 아직 개발 단계고 비교적 먼 미래에 시장이 열릴 전망이지만 업체와 학계에선 개발에 한창입니다.

PIM은 ‘지능형 메모리’로 불립니다. 보통 메모리는 데이터를 저장하고 있다가 CPU, GPU 등 시스템 반도체가 원할 때 전송하는 역할을 합니다. CPU, GPU가 두뇌 역할을 맡고 있죠. 그러나 AI로 정보량이 많아진 탓에 메모리가 CPU에 정보를 전송하는 과정에서 병목현상이 발생하고 있습니다. CPU, GPU로 가는 길은 똑같은 1차선인데 차들이 많아져서 길이 막히는 것이죠. 이는 곧 '발열'로 이어지고 전력 소모량 증가로 이어집니다.

PIM은 '메모리가 저장만 하지 말고 아예 연산도 할 수 있으면 좋지 않을까?'란 생각에서 출발합니다. 메모리 반도체가 CPU, GPU의 일을 도와주면 저장한 정보를 굳이 다 보낼 필요가 없죠. PIM을 통해 메모리가 '볼보이(보조 인력)'를 넘어 직접 경기를 뛸 수 있는 후보선수 지위까지 올라서는 셈입니다. 메모리 내부에서 어느 정도 연산한 결과값만 보내면 되니까 메모리 병목현상도 줄이고 성능 향상, 에너지 절감 효과까지 누릴 수 있습니다.

삼성전자가 PIM을 HBM에 통합한 HBM-PIM 제품을 챗GPT에 사용하면 매트릭스 곱셈 연산 속도가 3~7배 빨라진다고 합니다. PIM 기술이 없는 기존 HBM3를 사용했을 때보다 전체 성능을 3.5배 이상 높일 수 있어 생성형 AI에 획기적인 성능 향상을 가져오는 것이죠. 에너지 소모량 측면에서도 HBM-PIM을 사용할 경우 기존 HBM을 탑재한 GPU 가속기보다 연간 사용 전력은 2100GWh(기가와트시) 줄일 수 있는 것으로 나타났습니다.

PIM이 메모리 내부에 연산기를 넣는 것이라면 '프로세싱 니어 메모리(PNM·Processing Near Memory)'는 메모리 '옆'에 연산장치를 배치하는 기술입니다. CXL 인터페이스를 활용해 만든 CXL-PNM은 메모리 용량까지 크게 확장시켜주는 솔루션으로 기존 GPU 가속기 대비 4배 용량을 제공합니다. 기존 메모리 사용 대비 사용자 기반 추천 시스템의 성능은 2배 향상되죠.

SK하이닉스의 경우 PIM 기술은 AiM, PNM은 CMS, CSD으로 제품명을 정하고 3가지 솔루션으로 제공하고 있습니다. SK하이닉스가 2023년 선보인 AiMX는 GDDR6-AiM 여러 개를 탑재한 가속기 카드 제품으로, 기존 컴퓨팅 시스템 대비 10배 이상 빠른 반응 속도와 5분의 1로 줄어든 전력 소모량을 자랑했습니다.

PIM 기술 개념도

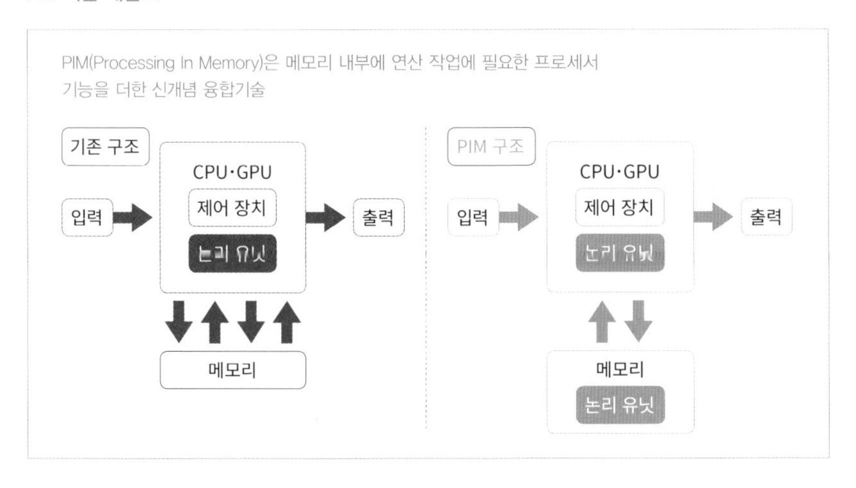

상용화는 아직… '시스템 대 메모리' 밥그릇 싸움

PIM은 생성형 AI와 온디바이스 AI 시장에서 큰 역할을 할 것으로 보입니다. 생성형 AI는 거대언어모델(LLM)을 기반으로 가동돼서 PIM 기능으로 성능을 크게 향상시킬 수 있기 때문입니다. 온디바이스 AI는 스마트폰 등 모바일 자원으로만 작동하는 소형언어모델(SLM) 기반으로 떠오르고 있어서 '전력 소모'를 줄이는 PIM 기술이 필요한 상황이죠.

현재 삼성전자, SK하이닉스 등 국내 기업의 PIM 개발은 상용화만 남겨둔 단계에 도달했지만 CXL에 비해 상대적으로 시장 개화가 더딘 상황입니다. 메모리가 CPU, GPU의 일부 기능을 대신하며 똑똑해지는 셈이니 인텔, 엔비디아 등이 반길 리가 없기 때문이죠. 글로벌 반도체 기업 입장에선 PIM은 경쟁 상대로 인식될 수밖에 없으니 메모리 업체들은 선불리 상용화를 추진하기 어렵습니다.

그러나 앞으로 전력 문제가 크게 떠오르면서 PIM 기술 채택은 불가피할 전망입니다. 지금은 생성형 AI 시장의 초기 단계로 개발에만 한창이지만 기후변화 영향으로 전력 문제가 사회적인 화두로 떠오르면 PIM의 중요성이 커질 수밖에 없기 때문이죠. 업계도 저전력 고성능 반도체 수요가 높은 온디바이스 AI 시장을 시작으로 공략하겠다는 전략입니다.

마켓워치(MarketWatch)에 따르면 미국의 AI 전력 수요량은 2023년 8Twh(테라와트시)에서 2030년 652Twh로 약 80배 증가할 전망입니다. 이는 2023년 서울시의 전력 소비량(44.5Twh)과 비교해 15배가 넘는 수준이죠. 특히 AI산업을 이끄는 엔비디아는 전력 소모량이 큰 GPU를 기반으로 하고 있어 PIM으로 넘어가는 건 시간문제라는 관측도 나옵니다.

카이스트 연구진 개발 한창

업계뿐 아니라 학계에서도 PIM 개발은 한창입니다. 특히 한국과학기술원(KAIST·카이스트)는 IT융합연구소 산하 PIM반도체설계연구센터(PIM센터)를 설립해 삼성전자와 함께 PIM 기술을 연구하고 있죠. PIM센터는 2022년 AI 반도체 연구개발을 위해 정부 지원을 받아 탄생한 곳입니다. 현재 석·박사 학생 20~25명, 담당 교수 3명을 비롯해 삼성전자에서 파견 나온 현직자와 직원 등이 함께 연구의 산실로 만들고 있죠. 이곳에선 누구나 빨리 PIM을 활용한 반도체를 만들도록 지원하고 신경망처리장치(NPU·Neural Processing Units)의 응용 등 '저전력 고성능'을 위한 전반적인 AI 기술을 연구합니다.

연구팀은 최근 삼성전자와 협력해 새로운 PIM인 '다이아몬드(Dyamond)'를 개발하는 성과를 냈습니다. 연구팀이 개발한 '다이나플라지아(DynaPlasia)'의 차세대 라인업이죠. 다이아몬드는 학계의 D램 PIM 중 메모리 밀도와 에너지 효율 측면에서 최고 수준의 성능을 달성한 메모리입니다. 기존 최고 성능 다이나플라지아보다 메모리 밀도는 8배, 메모리 용량

카이스트 PIM센터 연구팀과 삼성전자가 공동개발한 PIM 메모리 '다이아몬드(왼쪽)'.

은 3배 개선됐습니다. 반도체 분야에서 가장 권위 있는 VSLI 심포지엄에서 2023년 공개했으며 현재 연구용 반도체 칩으로 구현하는 데까지 나아갔죠.

다이아몬드는 낮은 비트 영역에선 에너지 효율을 극대화하고 높은 비트에선 연산 정확도를 높이는 방식의 다중적인 최적화를 최초로 도입한 PIM 메모리입니다. 높은 면적 효율로 다양한 AI 연산을 지원한다는 강점이 있죠. 다이나플라지아는 기존 D램과 공정이 다르다는 문제가 있었는데 다이아몬드에서 이를 개선하며 공정도 완벽하게 맞췄습니다.

"CXL·PIM 생태계 필수, 인력 양성도 놓치지 말아야"

"일본을 보고 부러웠던 게 정부가 외국에 나가서 직접 반도체 생태계를 위한 장을 만들고 틀을 잡아요. 우리나라는 좀 미흡한 편이죠."

유회준 카이스트 전기·전자공학과 교수(제7대 반도체공학회장)는 차세대 메모리 시대를 내다보며 단순 현금성 지원을 벗어나 생태계 조성 등 정부의 다각적인 노력이 필요하다고 지적했습니다. 유 교수는 "기업이 할 수 있는 것과 정부 관료들이 할 수 있는 부분이 다르다"며 "너무 삼성전자나 SK하이닉스 등 기업에만 맡기지 말아야 한다"고 말합니다.

유 교수는 카이스트 PIM센터장을 역임하며 PIM 등 AI 반도체 연구개발에 주력하고 있습니다. 앞으로 CXL, PIM, NPU 등 다양한 차세대 기술이 주도권을 잡을 전망이지만 옆 나라 일본과 비교해 정부의 지원은 소극적인 셈이죠. 일본은 막대한 보조금과 같은 직접 투자와 더불어 정부의 적극적인 해외 비즈니스와 생태계 조성을 병행하고 있습니다.

유 교수는 "글로벌로 나가려면 인적 네트워크를 잘 활용하는 등 치밀하게 작전을 짜야 하는데 (우리나라는) 지금 제대로 이뤄지지 않고 있다"며 "일본은 산업장관 등 높은 관료가 미국에 가면 톱다운으로 계약을 맺어서 오는 것처럼 정부가 틀을 잡는다"고 말했습니다. 이어 그는 "일본은 정부 관료들조차도 (해외) 네트워킹을 탄탄하게 많이 해놨다"고 짚었습니다.

특히 국내 AI 반도체 스타트업 입장에선 국가 지원을 찾아보기 힘듭니다. 유 교수는 "(스타트업은) 사실 다 각자도생"이라며 "리벨리온이 2024년 2월 국제고체회로학회(ISSCC)에서 논문이 채택되고 미국 시장에 진출했는데 정부 지원을 받았단 얘기는 들은 게 없다"고 꼬집었죠. 리벨리온은 카카오, IBM 등 국내외 IT 기업에 NPU를 공급하고 있는 스타트업입니다.

현재 파네시아, 퓨리오사AI, 딥엑스, 모빌린트 등 국내 AI 반도체 스타트업은 CXL, NPU 분야에서 차세대 AI반도체 시장을 공략하며 차세대 제품을 내놓고 있습니다. NPU는 CPU와 GPU를 대체할 수 있는, AI 연산에 최적화된 반도체로 꼽히고 있습니다.

유 교수는 미래를 내다보는 전략과 더불어 가장 시급한 '인력난'도 해결해야 할 중요한 과제라고 언급했습니다. 그는 "사실 제일 급한 건 인력"이라며 대만의 인력 양성 과정을 배울 필요가 있다고 말했습니다. 유 교수는 "중국 내 반도체 핵심 인력은 모두 대만계이고 미국 실리콘밸리도 마찬가지"라며 "대만의 인적 네트워크가 아주 무서운데, 우리나라는 별로 중요하게 생각하지 않는 것 같다"고 밝혔죠.

유 교수에 따르면 대만은 정확히 몇 년 후, 어느 반도체 분야에 인력이 부족한지 예측해 초급, 중급, 고급으로 세분화해 엔지니어를 교육시킨다고 합니다. 그러나 우리나라의 경우 '빨리', '많이'에 집중해 갑자기 마이스터고를 만드는 등 교육 시스템이 탄탄하지 못하다는 게 유 교수의 설명이죠.

그는 "15년을 내다보고 장기적인 반도체산업과 기술의 비전 및 전략을 짜는 것이 중요하다"며 "학회에서도 반도체 분야 취업률을 높이기 위해 인턴제도나 산학협력을 강화하면서 자연스럽게 취직할 수 있도록 프로그램을 진행하려고 준비하고 있다"고 설명했습니다.

7

양자과학기술

인터넷과 스마트폰 등 새로운 기술이 등장할 때마다 전 세계 인류 사회는 큰 변화를 맞이해왔습니다. 개인의 삶부터 경제와 산업의 구조까지 빠른 속도로 변했죠. 최근 정보통신기술(ICT) 산업의 거대한 물줄기는 인공지능(AI)으로 흘러가고 있습니다. 오픈AI의 챗(Chat)GPT를 시작으로 전 세계 각국 정부와 기업들의 최대 화두는 생성형 AI 경쟁력 확보가 됐습니다.

AI 역량 확보를 두고 경쟁의 열기가 뜨거운 가운데, 다음 패러다임을 주도할 미래 핵심기술로 '양자'가 꼽히고 있습니다. 양자컴퓨팅부터 센싱과 통신 등이 향후 100년을 주도할 신산업으로 떠오르면서 윤석열 정부도 미래 빅3 게임체인저 기술 중 하나로 양자를 지목했습니다. 물리학과 수학 등 기초과학 위주로 연구됐던 양자가 컴퓨터·재료·전기 등 활용에 중점을 둔 학문 및 엔지니어링 기술과의 융합을 통해 활용 영역이 전방위적으로 넓어지는 모습입니다.

사실 아직 양자를 과학과 기술 중 어떤 것으로 봐야 할지에 대한 명확한 기준이나 개념은 규격화돼 있지 않습니다. 각 나라별로 상이하죠. 우리나라의 경우 양자기술 또는 양자과학기술(QIT) 등으로 불러오다 2023년 제정된 '양자과학기술 및 양자산업 육성에 관한 법률'에서 양자과학기술이라는 용어를 공통적으로 사용하기 시작했습니다. 미국은 양자정보과학(QIS), 유럽은 양자기술(QT), 일본과 중국은 양자과학기술(QST)라는 표현을 씁니다.

슈퍼컴도 못 따라잡는 양자컴퓨터, 상용화 임박

용어는 물론 양자에 대한 접근방식도 각 나라마다 다르지만 한 가지 공통된 의견이 있습니다. 양자과학기술의 발전으로 지금까지와는 전혀 다른 수준의 미래가 펼쳐질 것이라는 점입니다. 양자과학기술은 양자역학의 원리를 이용해 기존의 기술로는 달성할 수 없는 한계점을 돌파하는 기술을 말합니다. 양자역학은 원자나 아원자 입자처럼 현존하는 가장 작은 규모의 물질과 에너지의 행동을 기술하는 물리학의 한 분야입니다. 양자과학기술은 다양한 분야에서 '중첩'과 '얽힘' 같은 특성을 이용해 이전에 없던 혁신을 만들어내는 것이 목적입니다. 현재 세계적으로 양자과학기술은 양자역학적 상태를 직접 제어하고 활용해 정보를 빠르게 처리하거나 성능을 비약적으로 향상시키는 데 초점을 두고 있습니다. 특히 반도체와 신소재처럼 정밀 계측이 필요하거나 기존에 불가능했던 속도로 데이터를 처리하는 양자컴퓨팅 및 양자센싱, 양자통신 등이 주류를 이루고 있습니다.

상용화가 임박했다고 평가받는 기술은 바로 양자컴퓨팅입니다. 양자컴퓨터는 기존 컴퓨터보다 더 빠른 데이터 연산 속도가 특징입니다. 기존 컴퓨터는 중앙처리장치(CPU)와 그래픽처리장치(GPU) 등을 사용하지만 양자컴퓨터는 양자처리장치(QPU)라고 불리는 양자 프로세서를 사용합니다. 최소 연산 단위 또한 큐비트라는 새로운 개념을 사용합니다. 큐비트는 1 또는 0의 이진 상태로만 존재할 수 있는 비트(bit)와는 달리 1과 0이 동시에 중첩됩니다. 통상 양자 프로세서에 1큐비트가 추가될 때마다 수행 가능한 최대 연산 성능이 2배로 늘어난다고 알려져 있습니다. 그래서 양자컴퓨터는 슈퍼컴퓨터를 활용해도 수백 년이 걸리는 문제를 단 몇 초 만에 해결할 수 있습니다. 이처럼 막대한 연산 성능으로 양자컴퓨터는 에너지 분야나 신약 개발 등에서 활용될 수 있습니다.

우월성보다는 실용성에 초점

결국 모든 기술의 궁극적 목표와 마찬가지로 양자컴퓨터 또한 성능 발전뿐만 아니라 실생활에 적용될 수 있도록 실용성을 갖추는 데 초점을 맞추고 있습니다. '양자 우월성'과 '양자 실용성'이라는 방향으로 양자컴퓨터에 대한 연구와 개발이 이뤄지고 있죠. 양자 우월성이라는 개념은 약 13년 전 존 프레스킬(John Preskill) 캘리포니아공대 교수가 처음 사용했습니다. 단어에서 짐작할 수 있듯이 양자컴퓨터가 슈퍼컴퓨터의 성능을 뛰어넘는 것을 뜻하죠. 양자 우월성은 이미 달성한 상태입니다.

다만 이는 수학적 문제에 국한된 결과죠. 사이먼 세베리니(Simone Severini) 아마존웹서비스(AWS) 양자컴퓨팅 디렉터는 "스타트업 사나두가 완전 관리형 양자컴퓨팅 인프라 서비스 '아마존 브라켓'을 기반으로 양자 우위를 증명했다"며 "비록 쓸모가 없는 제한된 수학 문제에 국한된 양자 우위지만 일본 슈퍼컴퓨터 '후카쿠'가 9,000년 동안 풀어야 할 문제를 단 36마

구글에서 개발한 양자컴퓨터 시커모어.

이크로초 만에 풀었다"고 설명했습니다.

이는 '공식적'으로 증명된 양자 우위 증명 사례입니다. 지난 2019년 구글의 양자컴퓨터 '시커모어'가 양자 우위를 최초로 입증했다는 내용을 담은 논문을 〈네이처〉를 통해 발표, 미국 항공우주국(NASA) 홈페이지에 게시되기도 했으나 얼마 지나지 않아 삭제된 바 있습니다. 이에 대해 IBM 또한 시커모어가 200초 만에 푼 문제는 기존 슈퍼컴퓨터로 2.5일이면 해결할 수 있어 도달할 수 없는 성능을 보인 것은 아니라고 반박하기도 했죠.

또 하나의 방향성은 최근 마이크로소프트(MS)가 언급한 '양자 실용성'이라는 개념입니다. 양자컴퓨터가 단순히 고전 컴퓨터보다 빠른 속도로 수학적 문제나 난제를 해결할 수 있는지보다 실제 산업과 과학, 금융 등 실생활에서 실제 가치를 제공하는 단계에 도달해야 한다는 점이 골자입니다. 이는 양자 우월성이 실제 양자컴퓨터의 성능과 비례한다는 착각에서 벗어나야 한다는 일침과도 같습니다. 단순히 큐비트 숫자를 늘리는 '개수 경쟁'에 매몰돼 알고리즘 등에서 발생할 수 있는 오류 등 품질 해결을 등한시해서는 안 된다는 의미입니다.

실제로 양자컴퓨터는 오류 발생 가능성이 항상 존재합니다. 전문가들은 기본적으로 물리 시스템을 채택하고 있는 특성상 큐비트 제어 과정에서 문제가 발생할 가능성이 있고, 실생활에 유용한 양자 알고리즘을 실행하기 위해 확보돼야 할 오류율을 큐비트의 크기를 키우면서 달성하기는 불가능하다고 판단 중입니다. 결국 양자컴퓨터 개발은 양자 우위를 실현 가능한 수준에서 달성하려는 NISQ파와 양자오류보정(QEC) 기술로 범용적으로 사용할 수 있는 양자컴퓨터를 만드는 FTQC파로 나누어 발전하고 있습니다. 두 갈래로 나뉜 듯 보이지만 결국 산업계에서는 양자 우위와 양자 실용성을 모두 가져가게 될 것이라 예상 중이죠.

양자컴퓨터 발전에 통신·보안도 뜬다

양자컴퓨터가 예상보다 빠른 속도로 발전해 상용화를 불과 10여 년 앞두고 있다는 의견이 나오자 통신과 보안 분야도 덩달아 주목받기 시작했습니다. 양자컴퓨터가 상용화될 경우 네트워크 통신을 통해 주고받을 데이터의 안정성은 물론, 기존 암호화 체계의 강화가 주요 화두로 떠올라서입니다.

통상 양자컴퓨터 발전에 따른 보안 위협 대응책으로는 양자내성암호(PQC)와 양자키분배(QKD)가 꼽힙니다. PQC는 수학적 난제를 기반으로 현재 사용되고 있는 공개키 암호체계를 발전시키는 개념이죠. 즉, 양자컴퓨터로도 풀 수 없는 수학적 난제를 개발해 보안성을 강화하는 방식인 셈입니다. QKD는 미세한 자극에도 상태가 변하는 양자의 물리학적 성질을 이용해 해킹이나 도청이 원천적으로 불가능한 암호키를 만들어 송신자와 수신자에게 나눠주는 개념입니다. 누군가 의도적으로 통신 과정에 개입해 데이터 탈취를 시도할 경우 정보가 즉각 변화한다는 점을 이용한 기술입니다.

전 세계 정부와 기업들은 PQC 도입 및 전환을 고려 중입니다. 미국은 지난 2022년 12월 연방기관에 암호체계의 PQC 전환을 의무화했습니다. 우리나라 정부 또한 고성능 양자컴퓨터 출현 이후 무력화될 가능성이 큰 리베스트-샤미르-애들먼(RSA·Rivest-Shamir-Adleman) 알고리즘 및 이산대수 기반의 현 암호체계를 2035년까지 PQC로 전환하겠다고 밝힌 상황입니다. 앞서 국가정보원과 과학기술정보통신부는 '범국가 양자내성암호 전환 마스터플랜'을 발표한 바 있습니다. 양자통신의 핵심기술인 QKD는 SK텔레콤과 KT 등 민간기업이 정부의 지원 하에 개발에 박차를 가하고 있습니다.

양자내성암호(PQC) 전환 추진 로드맵

출처: 국가정보원

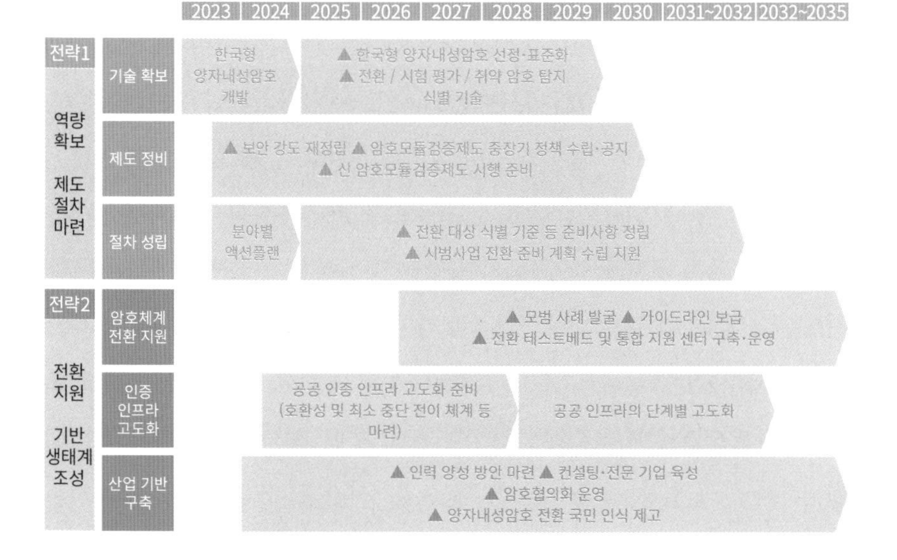

예민한 양자 활용해 만든 정밀 센서

양자과학기술을 활용해 센서를 만드는 양자센싱산업도 양자컴퓨터와 함께 주목받고 있습니다. 양자센서 또한 양자컴퓨터와 마찬가지로 중첩과 얽힘 등의 양자역학 특성을 활용합니다. 관찰 즉시 변화하는 민감성을 이용해 항해나 영상, 물리 탐사 등 광범위한 분야에 응용할 수 있습니다.

양자센서는 여러 상태로 동시에 존재할 수 있는 양자계의 중첩 특성을 이용해 측정의 민감도를 높입니다. 또 양자 얽힘 상태를 활용해 상관 측정을 달성할 수 있습니다. 쉽게 말해, 한 입자에 행해지는 작용이 다른 입자에도 즉각 영향을 주는 물리적 현상을 통해 감지 과정의 정밀도를 높이고 노이즈를 줄이는 것입니다. 이 같은 특징 탓에 양자센서 응용은 주로 측정과 감지 분야에서 이뤄집니다. 대표적으로 적용 가능한 분야는 네비게이션 시스템입니다. 전통적 위치정보시스템(GPS)으로는 정확도를 담보할 수 없는 수중이나 밀집 도시지역 등에서도 정밀한 작업이 가능해지는 것입니다.

또 양자센서는 자기장을 탐지하거나 지구 중력장의 변화도 정밀하게 감지할 수 있어 지구물리탐사나 물리학 조사, 광물 탐사, 지하 영상학 등에도 적용할 수 있습니다. 뿐만 아니라, 자기공명영상(MRI)처럼 생물학 분야에서도 민감도와 정밀도를 높일 수 있는 기술로 각광받고 있죠.

일본의 시장조사기관 SDKI의 보고서에 따르면 양자센서 시장은 지난 2023년 약 1억 4,710만 달러를 기록했고, 2024년부터 오는 2036년까지 연평균 성장률(CAGR) 21.9%를 기록하며 약 19억 3,060만 달러 규모까지 커질 것으로 예상됩니다. 보고서는 "양자과학기술 솔루션이 지속적으로 개선되고 양자센서가 보다 효과적이고 다양해지면서 시장이 큰 폭으로 성장할 것"이라며 "재료와 적용 방법, 통합 기술 등의 개선으로 감도와 정확도, 적용성 등 성능이 향상될 것이다. 이에 따라 양자센서는 헬스케어, 항공 우주 등 여러 분야에서 관심도가 높아질 것"이라고 예상했습니다.

양자와 AI의 결합… 초지능 시대 열린다

현존하는 기술 중 전 세계적으로 미래를 바꿀 게임체인저로 꼽히는 두 가지는 바로 AI와 양자과학기술입니다. 두 기술 모두 초기 단계에 있지만 시장에서는 양자와 AI의 결합을 추진하고 있습니다. 대표적인 것이 양자컴퓨팅과 AI를 결합한 '퀀텀 AI'입니다. 향후 퀀텀 AI로 실현할 수 있는 일이 무궁무진하기 때문이죠. 쉽게 말해, 양자컴퓨팅의 정밀도와 빠른 연산 능력을 바탕으로 AI에 쓰일 데이터를 처리하고 모델을 학습시켜 이미지 인식부터 시뮬레이션, 자연어처리, 각종 자동화 작업을 고도화할 수 있는 것입니다. 특히 퀀텀 AI는 의료 분야와 금융, 물류 등 다양한 산업 분야에서 큰 변화를 일으킬 가능성이 높습니다. 예를 들어, 양자컴퓨터가 AI 모델의 학습 과정을 가속화하면 새로운 치료법을 발견하는 속도가 크게 빨라질 수 있으며, 금융 분석에서는 복잡한 시장 예측을 보다 정밀하게 할 수 있게 됩니다.

글로벌 지능형 데이터 인프라 기업 넷앱은 "퀀텀 AI는 양자컴퓨팅의 압도적 연산 능력과 AI의 학습 능력을 결합해 기존에 불가능했던 문제 해결의 가능성을 열어젖힌 혁신 기술"이라며 "빅데이터 분석과 최적화 문제에서 효율성을 극대화할 수 있을 뿐만 아니라, AI 알고리즘으로 대규모 데이터셋을 분석하고 패턴을 식별해 예측 모델을 생성하는 데 있어 정확성을 크게 높인다"고 설명했습니다. 이러한 기술은 특히 자율주행차, 스마트 공장, 드론 기술 등 고도의 데이터 분석을 요구하는 첨단산업에서 매우 유용하게 적용될 것으로 보입니다.

이미 양자와 AI의 결합은 여러 분야에서 시도되고 있습니다. AI 신약 개발 전문기업 인세리브로는 양자역학 기반 AI 신약 개발 플랫폼 '마인드(MIND)'를 갖고 있습니다. 마인드는 후보 물질의 약물 친화도와 적중률을 향상시키는 솔루션입니다. 인세리브로는 마인드 플랫폼을 활용해 생성형 양자 AI 기술을 적용한 서비스형 소프트웨어(SaaS·Software as a Service) 개발에 박차를 가하고 있습니다. 이 플랫폼은 수백만 가지의 후보 물질을 빠르게 분석해 가장 효과적인 조합을 찾아내는 데 도움을 주며, 이는 신약 개발 속도를 획기적으로 높일 수 있는 방법으로 주목받고 있습니다. 국내 양자 보안 및 컴퓨팅 전문기업 노르마 또한 광주과학기술원(GIST·지스트)과 국내 최초 양자 AI 컴퓨팅 센터 구축에 나섰습니다. 지스트에 마련될 이 센터는 암호 해독과 초고속 데이터 검색, 양자 시뮬레이터, 양자 머신러닝 등 양자컴퓨팅 서비스를 제공할 예정입니다. 이와 같은 시도는 국내 양자과학기술 역량을 한 단계 끌어올릴 수 있는 기회로 평가되고 있습니다.

기술적·제도적 안정성 해결이 숙제

다만 앞으로 해결해야 할 과제와 결합을 가로막는 난제는 여전히 존재합니다. 먼저 양자컴퓨팅은 상용화가 가장 가까이 도래했다고 평가받지만 아직 비용과 안정화 문제 해결에 시간이 필요한 상황입니다. 양자컴퓨터의 개발은 기술적 한계를 극복해야 할 뿐만 아니라, 이를 상용화하기 위해서는 안정적인 운용이 보장되어야 합니다. 또한, 이러한 고성능 컴퓨터를 운영하기 위한 물리적 인프라와 전력 소비 문제도 큰 도전 과제로 남아 있습니다.

성능과 실용성을 모두 가져가려면 양자컴퓨팅의 연산 능력과 비례하는 정보처리 단위인 큐비트 개수를 늘림과 동시에 물리 시스템의 한계인 알고리즘 오류 등 품질 문제를 QEC 기술로 보정해야 합니다. 전문가들은 이 같은 일이 현재로서는 불가능하다고 보고 있습니다. 실제로 양자컴퓨터 개발은 양자 우위를 실현 가능한 수준에서 달성하려는 NISQ파와 QEC 기술로 범용적으로 사용할 수 있는 양자컴퓨터를 만드는 FTQC파로 나뉘어 발전하고 있죠.

생성형 AI 또한 기술이 등장한 이후 명확한 킬러서비스나 글로벌 공통 규범이 만들어지지 않은 초기 시장입니다. MS와 구글, 메타, 네이버 등 여러 글로벌 빅테크 기업들이 각축전을 벌이고 있지만 아직 승자가 가려지지 않은, 잠재력이 무궁무진한 분야죠. 동시에 최근 논란이 되고 있는 딥페이크처럼 사회적 문제를 일으키는 부작용도 여전히 존재합니다. 특히 AI가 생성하는 이미지와 영상이 가짜 뉴스를 퍼뜨리거나 개인의 프라이버시를 침해할 위험이 계속해서 증가하고 있는 것이죠. 이처럼 규제와 법적 보호장치가 미비한 상황에서 기술 발전은 양날의 검으로 작용할 가능성이 크다는 의견도 나옵니다.

퀀텀 AI 또한 안정성 문제를 갖고 있습니다. AI와 양자컴퓨팅 기술이 빠른 속도로 발전해 융합될 경우 전 세계가 사이버보안 문제에 골머리를 앓을 수 있다는 전망이 나오고 있는 상황입니다. 양자컴퓨터가 보유한 초고속 연산 능력과 AI의 고도화된 추론 능력이 더해져 기존 암호체계는 물론 PQC의 무력화, 신규 보안 취약점 탐지 등이 더 쉽고 빨라질 것이라는 의견이죠. 이는 국가 간 사이버 전쟁의 가능성을 높일 수 있습니다. 또 보안 시스템이 무력화되는 속도도 매우 빨라질 수 있습니다.

케이티 클라인(Katie Kline) 미국 세계정치연구소(IWP) 연구원은 "인공지능과 양자컴퓨팅은 사이버 전쟁에 상당한 악영향을 미칠 수 있고, 향후 사이버 공격 수와 위협 수준을 크게 높일 수 있다"며 "AI는 많은 양의 데이터를 수집할 수 있고, 양자컴퓨터는 그 어떤 컴퓨터보다 빠르고 효율적이기 때문에 네트워크, 데이터베이스(DB) 등 중요 인프라 시스템을 해킹할 수 있는 능력을 갖게 될 것"이라고 분석했습니다.

오히려 보안이 강화될 것이라는 의견도 존재합니다. 공격자의 기술이 발전하는 동안 방어자들 또한 꾸준히 연구개발에 착수할 것이기 때문에 기존 보안체계가 고도화될 것이라는 전망입니다. 마르친 프라키에비츠(Marcin Frackiewicz) 폴란드 위성통신 기업 TS2스페이스 창업자는 "AI와 양자컴퓨팅 기술의 통합은 보안 강화로 이어질 수 있다"며 "양자컴퓨팅은 기존 방법보다 더 안전하게 데이터를 암호화하는 데 사용할 수 있고, AI는 악의적 공격을 탐지하고 대응하는 데 도움이 될 수 있다"고 강조했습니다.

"하드웨어 넘어 소프트웨어와 알고리즘 투자해야"

"지난 5년간은 정부가 하드웨어에 더 많이 투자한 것 같습니다. 이제부터는 소프트웨어나 애플리케이션(앱), 알고리즘에 투자해 균형을 맞춰야 합니다"

양자컴퓨터 상용화를 가로막는 난제를 해결한 세계적 석학이자 IBM 퀀텀 일본 사업총괄본부장인 백한희 박사는 향후 전 세계 양자 패권 싸움에서 우위를 점하기 위해 하드웨어가 아닌 소프트웨어, 알고리즘 등에 대한 투자를 늘려야 한다고 강조했습니다.

IBM 선임 연구 과학자이기도 한 백 박사는 2024년 일본으로 옮겨 IBM 퀀텀팀을 이끌고 있습니다. 지난 2021년 백 박사는 초전도 양자컴퓨팅의 상용화를 앞당긴 새로운 초전도 큐비트 아키텍처를 개척한 공로로 미국 물리학회 펠로우로 선정됐습니다. 펠로우는 5만 명에 달하는 미국 물리학회 회원 중 학술 업적이 탁월한 0.5%의 석학에게만 주어집니다.

그는 한국에서 오픈AI 같은 기업이 나올 수 있도록 정부가 투자를 확대해야 한다고 역설했습니다. 뛰어난 AI 소프트웨어 덕에 엔비디아 하드웨어의 가치가 오른 것과 마찬가지라는 의미입니다. 백 박사는 "일본은 양자컴퓨팅 하드웨어를 자체적으로 만들지만 외국에서 양자컴퓨팅 서비스를 들여온다"며 "하드웨어와 양자정보과학, 소프트웨어, 알고리즘, 앱 개발의 균형을 맞춰 생태계를 조성하는 일에 일본 정부가 투자하고 있다"고 설명했습니다.

또 그는 양자와 관련된 인력 양성에 공을 들여야 한다고 지적했습니다. 백 박사는 "양자정보과학이나 알고리즘, 소프트웨어, 앱 관련 인력은 우리나라에 많지 않다. 대부분 하드웨어 인력"이라며 "이 인력이 없으면 아무리 하드웨어가 있어도 과학 분야의 발전이나 기술개발, 기업에의 활용이나 산업 발전, 경제 효과를 기대하기 힘들다"고 언급했습니다.

이어 "학생이 양자컴퓨팅 관련 학위로 졸업을 해도 갈 수 있는 기업이나 대학, 연구소가 많지 않고, 기업이나 대학, 연구소는 반대로 인력이 부족해 인력 양성이 잘 되지 않는 악순환이 반복되는 것 같다"며 "미국과 일본 정부는 이 부분을 선순환으로 만들기 위해 수십 년 전부터 많은 투자를 시작했고, 여기서 생성된 인력을 바탕으로 국가 연구소 내에 많은 부서들이 만들어졌다"고 덧붙였습니다.

이 같은 노력이 결국 스타트업과 새로운 사업 및 프로젝트의 창출로 이어졌다는 의미입니다. 백 박사는 "많은 대학 연구 프로젝트들과 스타트업, 새로운 사업들이 기업에서 만들어졌다"며 "또한 하드웨어만의 투자가 아닌 양자정보과학, 소프트웨어, 알고리즘, 앱 개발에 관한 투자가 많이 되고 있고 인력도 많아 양자컴퓨터를 이용해 새로운 사업을 창출할 수 있는 기반이 잘 조성되고 있다"고 덧붙였습니다.

끝으로 그는 "IBM은 오는 2029년에 1억 게이트에 에러 수정이 되는 수백-큐비트 양자컴퓨터를 선보일 예정"이라며 "우리나라도 세계에서 5번째로 100큐비트 이상의 양자컴퓨터를 국내에 도입해 한국 사용자 전용으로 쓸 수 있게 될 예정이다. 이를 통해 과학과 기업 알고리즘 개발과 앱 발전에 도움이 되기를 기대한다"고 말했습니다.

03

디지털 트윈

디지털 트윈(Digital Twin)은 용어에서 유추할 수 있듯이 디지털 세계에 현실 세계를 똑같이 구현하는 기술입니다. '디지털 복제'라고 불리기도 합니다. 이 기술을 이용해 현실 세계에 존재하는 공간, 사물, 시스템 등의 물리적 객체를 디지털 세계에 정확하게 반영하도록 설계된 일종의 가상 모델이라 할 수 있습니다. 현실 세계를 3차원 스캔해 컴퓨터로 옮기는 기술입니다.

최근 각광을 받고 있지만 완전히 새로운 기술은 아닙니다. 디지털 트윈에 적용되는 기술은 1960년대 미국 항공우주국(NASA)이 개척한 것으로 전해집니다. 우주선과 완전히 똑같은 모형의 지상 버전이 복제돼 실제 연구와 시뮬레이션 목적으로 사용된 것입니다. 디지털 트윈이라는 용어만 없었을 뿐이지 기술의 원리가 그대로 사용됐죠.

디지털 트윈이란 용어는 한참 뒤인 1991년 컴퓨터 과학자인 데이비드 지런터(David Gelernter)가 자신의 책에서 처음 사용했습니다. 다만 이때는 구체적 구상은 나오지 않은 상태였습니다. 기술의 개념이 소개된 것은 11년이 지난 2002년이었습니다. 마이클 그리브스(Michael Grieves) 박사가 제품의 생애주기 관리(PLM)의 이상적 모델로 설명하며 미러링(mirroring) 등의 현재 디지털 트윈의 구체적 개념이 세상에 알려진 것입니다.

5G·AI 발전 등으로 디지털 트윈 활용도 무궁무진

당시에도 이 기술은 구상에 그쳤습니다. 당시 기술이 디지털 트윈을 구현하기엔 부족했기 때문입니다. 그리고 2010년 이 기술을 NASA 소속 존 바이커스(John Vickers) 박사가 디지털 트윈으로 명명하며 세상에 처음 용어가 알려지게 됐습니다. 그리고 기술이 고도로 발전해가며 디지털 트윈은 구상에 그치지 않고 다양한 분야에서 구현되기 시작했습니다.

디지털 트윈이 최근에 더욱 주목을 받게 된 것은 5G, 인공지능(AI), 증강현실(AR) 등 관련 기술의 비약적 발전으로 그 활용도가 더욱 무궁무진해졌기 때문입니다. 디지털 트윈의 과정인 현실 세계와 디지털 세계 간 데이터의 '생성→전송→취합→분석→이해→실행' 등의 절차가 더욱 빠르게 가능해진 것입니다.

현실이 아닌 가상공간에서의 모델을 이용해 문제점 파악이 수월해지고, 새로운 구현 작업이 필요할 때 미리 가상공간에서 실험적으로 이를 구현할 수 있다는 장점 때문에 활용 범위가 늘어나고 있습니다. 가상 모델로 진행한 시뮬레이션으로 먼저 개선 사항을 파악하고 이를 기존의 물리적 객체에 재적용해 보다 간편하고 절감된 비용으로 문제를 해결할 수 있는 것입니다.

구체적으로 보면 디지털 트윈이 제공하는 실시간 정보와 인사이트를 활용해 물리적 객체에서 발생한 문제를 처리함으로써 가동 중지 시간을 최소화할 수 있습니다. 또 디지털 트윈에 구축된 스마트센서가 진행한 모니터링을 통해 문제점 또는 결함이 발생하거나 그 징후가 있을 경우 이를 안내해 재빠른 조치가 가능합니다. 또 가상공간이라는 디지털 트윈의 특성상 원격 제어가 가능해 위험한 현장에서의 인명사고 등을 막을 수 있습니다. 실제 제품이나 시설을 만들기 전 디지털 복제본을 만든 후 다양한 시나리오 테스트를 통해 미리 문제점을 파악할 수 있다는 점도 강점입니다. 작은 부품은 물론 거대한 장비 등 제조업에서 사용되는 사물에 활용되는 것을 넘어 도시나 빌딩과 같은 우리 주변의 공간에서도 활용될 수 있습니다.

에너지·의료·항공기·물류 등에서 이미 성과

가장 먼저 각광받은 것은 제조업이었습니다. 디지털 트윈 프로토타입을 통해 보다 정확한 성능 데이터 분석이 가능합니다. 풍력발전기, 태양열, 해양 플랜트 등과 같은 에너지산업에서도 이미 다양하게 사용되고 있습니다. 아울러 의료 현장에서 이용되기도 합니다. 병원 시설은 물론 인체를 디지털 트윈으로 구축해 다양한 시뮬레이션을 할 수 있는 것입니다.

이처럼 제조공정의 혁신을 부여해온 디지털 트윈은 그동안 항공기, 자동차 등 제조업을 중심으로 발전해왔습니다. 우리 정부도 디지털 트윈 기술을 적용할 경우 제조·물류·의료 등 우리나라의 주요 산업의 경쟁력이 높아질 것으로 보고 지속적인 지원으로 하고 있습니다.

최근 몇 년 사이엔 제조업 등 사물을 넘어 빌딩이나 도시 전체 등에서의 디지털 트윈이 더욱 주목받고 있습니다. 관련 기술이 발전해 사물에 비해 그 범위가 방대한 공간에 대한 디지털화가 가능해진 것이 영향을 끼쳤습니다. 산업을 육성함으로써 자연재해나 사회 재난 등 다양한 국가·사회 난제 해결에 도움이 될 수 있다는 것이 확인되고 있기 때문입니다. 사물에 비해 공간에서의 활용 범위가 훨씬 다양한 만큼 제조공정에 주로 쓰이던 사물 디지털 트윈에 비해 전문가나 기업이 아닌 일반 사람들도 디지털 트윈 기술을 보다 쉽게 접할 수 있는 길이 열리고 있는 것입니다.

세부적으로 보면 도시나 건물 등의 공간을 디지털 트윈 기술로 구현해 이를 다양하게 활용하는 것인데요. 공간 분야 디지털 트윈이 더욱 주목받는 것은 자율주행, 로봇을 비롯해 스마트 빌딩, 스마트 시티, AR 등 다양한 혁신 기술의 기반이 되기 때문입니다. 즉, 스마트 시티나 스마트 빌딩 등과 같이 정보통신기술(ICT)을 공간에 접목하는 경우 디지털 트윈 기술은 핵심 뼈대 역할을 하게 됩니다. 디지털 트윈 기술의 효용성이 더욱더 무궁무진할 수 있다는 평가가 나오는 이유입니다.

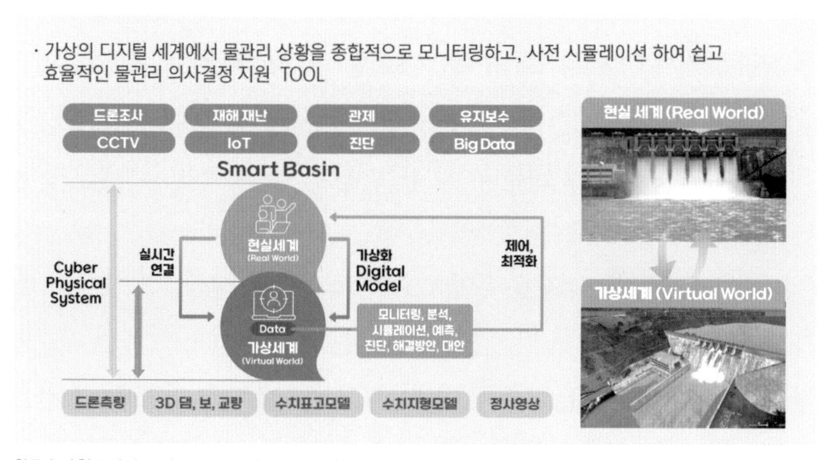

한국수자원공사의 물관리 플랫폼 운영 시스템(출처: 한국수자원공사).

자율주행·스마트 시티 핵심기술… 활용도 더 커진다

공간 분야의 경우 사물 분야에 비해 엄청난 비용과 기술력이 요구되는 것으로 알려졌습니다. 단순히 생각해 봐도 측정해야 하는 범위가 비교도 되지 않을 만큼 넓고, 공간의 특성상 수시로 변하기 때문입니다. 우리가 이용하는 '지도 앱'과 같은 2차원 그래픽으로는 디지털 트윈이 구현되지 않기 때문에 측정 장비 면에서도 엄청난 자본이 들어갈 수밖에 없습니다.

국내에서도 정부를 비롯해 다양한 단체나 기업들이 공간 분야 디지털 트윈 구축에 나서고 있습니다. 디지털 트윈 데이터가 도시 시뮬레이션, 모빌리티 서비스, 서비스 로봇, 자율주행, AR 등 다양한 서비스에 활용할 수 있다는 점에서 추후에도 활용은 크게 늘어날 것으로 예상되고 있습니다.

스마트 시티를 미래 핵심 산업으로 보고 지속적 투자를 확대하고 있는 우리 정부도 핵심기술 중 하나가 디지털 트윈이라고 보고 관련 분야에 예산을 지속적으로 편성하고 있습니다. 가스·통신 등이 매장된 지하공동구나 복잡한 전통시장 등에 대한 디지털 트윈 구축 사업이 대표적입니다.

정부는 2020년부터 매년 100억 원이 넘는 예산을 투입해 디지털 트윈 기술을 활용한 산업 육성과 실증사업 등에 투입하고 있습니다. 2021년 9월 주무 부처인 과학기술정보통신부가 '디지털 트윈 활성화 전략'을 발표하고 사물과 공간 분야에서의 디지털 트윈 기술의 경쟁력 강화를 위한 로드맵을 제시하기도 했습니다. 그리고 우리나라의 디지털 트윈 기술에 대해 세계의 관심이 커지는 와중에 정부는 2024년 7월 주요 부처가 모두 참여하는 '디지털 트윈 코리아 전략'을 발표했습니다. 이 전략의 핵심은 국내 다양한 분야에서 디지털 트윈 산업을 활성화시켜 국내 기업들의 경쟁력을 높이고, 이를 통해 글로벌시장을 선도하겠다는 구상입니다.

정부의 이 같은 의지에 따라 국내에선 이미 다양한 공공기관에서 디지털 트윈 기술을 활용한 서비스를 어렵지 않게 볼 수 있습니다. 대표적인 기관은 한국수자원공사입니다. 한국수자원공사는 디지털 트윈 기반의 물관리 플랫폼을 구축했습니다. 디지털 트윈 기술을 통해 홍수범람 재현 결과와 홍수 위험지역 정보를 고해상도 3차원 지형정보에 표출해 물관리 의사결정을 지원하고 있습니다.

이 밖에도 △ 광주·포항·창원시 '침수 스마트 대응 시스템' △ 부산의료원 '의료시설 통합 안전·관리 혁신 서비스' △ 한국도로공사 '특수교량 안전 유지관리 플랫폼' 등 공공기관의 활용 사례는 지속적으로 늘고 있습니다. 또 충북 청주 오창 지하공동구에 관련 기술이 적용된 것을 비롯해 △ 대형 교량 안전 △ 의료시설물 안전 △ 의료 혁신 등에서 선도 사업을 모집해 적용 범위를 확대하고 있습니다.

공공기관들도 디지털 트윈 활용 늘려, 그 중심엔 '네이버'

국내 공간 디지털 트윈 분야에서의 비약적 발전의 중심엔 네이버가 있습니다. 디지털 트윈 기술 적용을 확대하는 공공기관이나 기업 중 다수가 네이버와의 기술력에 의존하고 있습니다. 수년 전부터 공간 디지털 트윈 기술 분야에 지속적인 투자를 해온 네이버는 제2 사옥 '네이버 1784'와 아시아 최대 규모를 자랑하는 자체 데이터센터 '각 세종'을 테스트베드로 활용하며 실전 능력을 키우고 있습니다. 실제 디지털 트윈이 적용된 이들 빌딩 내부에선

2024년 7월 발표된 디지털 트윈 코리아 전략(출처: 디지털플랫폼정부위원회).

5G 기술로 연결된 로봇들이 쉴새 없이 움직이며 커피를 배달하거나 사람을 대신해 수백 kg에 달하는 장비를 운송해주는 모습을 어렵지 않게 볼 수 있습니다. 보안시설인 각 세종과 달리 외부인에게도 개방되는 네이버 1784에는 직접 눈으로 디지털 트윈이 적용된 모습을 보기 위해 해외 국가나 글로벌 기업의 고위 인사들의 방문이 이어지고 있습니다.

네이버는 단순히 건물에만 한정하지 않고 대도시 전체를 디지털 트윈으로 구현하고 있는 중입니다. 대한민국 수도인 서울을 넘어, 일본 도쿄와 사우디아라비아의 제다까지 네이버의 디지털 트윈 기술을 통해 디지털 세계가 구현되고 있습니다.

국내외에서 디지털 트윈의 뛰어난 기술력을 인정받은 네이버는 2023년 사우디 자치행정주택부가 발주한 1억 달러 규모의 국가 차원의 디지털 트윈 플랫폼 구축 사업을 수주했습니다. 이번 사업 수주에 따라 네이버는 사우디 수도 리야드와 메카 등 주요 5개 도시에 대한 클라우드 기반의 디지털 트윈 플랫폼을 구축하게 됩니다. 그리고 2024년 7월 네이버는 디지털 트윈 구축 사업 1단계 계약을 체결하고 프로젝트의 본격 시작을 알렸습니다.

네이버는 자체 서비스에 디지털 트윈 접목도 확대하고 있습니다. 일반 국민들도 디지털 트윈 기술을 보다 쉽게 체험할 수 있게 된 것입니다. 네이버는 2024년 8월 아파트 매물 및 단지를 가상현실(VR)로 체험할 수 있는 '부동산 VR 매물·단지 투어' 서비스를 시작했습니다. 이 서비스는 '실제 같은 온라인 임장(臨場)'이 가능하도록 아파트 단지와 매물의 내부를 자유롭게 탐색할 수 있도록 해줍니다. 서비스의 핵심 근원 기술은 디지털 트윈입니다.

1784 사옥이 테스트베드… 진화하는 스마트 빌딩

네이버의 제2사옥 1784는 네이버의 각종 기술이 집약된 곳입니다. 그 중심에는 디지털 트윈 기술이 있습니다.

네이버 1784를 방문하면 제일 먼저 눈에 보이는 것은 건물을 활보하는 로봇들입니다. 약 130대의 자율주행 로봇 '루키'들이 쉴 새 없이 이동하고 있습니다. 네이버는 설계 당시부터 1784를 세계 최초 로봇 친화형 건물로 계획해 완공했습니다. 실제 네이버 1784 내부엔 로봇 전용 엘리베이터도 설치돼 있습니다. 스스로 엘리베이터를 타는 로봇의 모습은 신기함을 자아냅니다. 전용 엘리베이터가 밀릴 땐 일반 엘리베이터를 타는 로봇도 어렵지 않게 볼 수 있습니다.

택배나 음식, 커피 등 각종 물건을 배달하는 루키는 '두뇌(브레인)'가 없는 브레인리스 로봇입니다. 뇌가 없는데 엘리베이터를 타는 등 정확한 목표 장소로 이동해 배달을 하는 비법은 무엇일까요? 바로 클라우드와 접목된 디지털 트윈입니다. 네이버는 디지털 트윈 데이터 제작을 위해 디바이스를 자체 제작했습니다. 대규모 실내 공간 매핑 로봇 M시리즈를 비롯해 계단 등 복합 공간 데이터 구축을 위한 웨어러블 혹은 휠 베이스 형태의 T시리즈가 대표적입니다. 이들 디바이스는 수시로 1784 내부 매핑 데이터를 클라우드로 전송해 최신 데이터를 구축합니다. 5G로 네이버 건물의 다양한 시스템과 클라우드와 연결된 루키는 두뇌가 없이도 명령된 장소로 이동하고, 문을 열거나 보안 검색대를 자유롭게 통과할 수 있는 것입니다.

네이버 1784는 디지털 트윈 그 자체입니다. 지하 8층, 지상 28층, 연 면적 16만 5,000m^2(약 5만 평)인 네이버 1784 전체가 3차원 디지털로 구현돼 있으며, 이를 활용해 서비스 로봇, 인프라 제어, 시뮬레이션, 클라우드 제어 등 다양한 실험과 개발이 이어지고 있습니다. 이러한 대규모 자체 테스트베드를 활용해 디지털 트윈 솔루션을 더욱 빠르게 고도화하고 있는 것입니다.

1784에서 직접 기술을 확인할 수 있는 만큼 각국의 정부·기업 관계자들의 방문도 이어지고 있습니다. 이미 자체 구현된 기술이라는 점 때문에 다른 기관들로부터도 높은 신뢰를 받고 있는 것입니다.

대표적인 국가가 사우디아라비아입니다. 네이버는 2023년 10월 1억 달러 규모의 사우디 디지털 트윈 플랫폼 구축 사업을 수주해 국내는 물론 글로벌에서도 화제를 몰고 왔습니다. 글로벌의 내로라하는 빅테크들을 제치고 국내 IT 기업이 사우디가 추진하고 있는 스마트 시티 관련 핵심사업을 수주했다는 점에서 국내 IT업계에도 이정표가 되는 사건이었습니다. 그 시작이 바로 네이버 1784였습니다.

국가 차원의 경제계획인 '비전 2030'을 준비 중인 사우디에선 2022년 11월 마제드 알 호가일(Majed Al Hogail) 자치행정주택부 장관을 시작으로 압둘라 알스와하(Abdullah Alswaha) 통신정보기술부 장관, 압둘라 알감디(Abdullah bin Sharaf Alghamdi) 데이터인공지능청장, 마지드 알 카사비(H.E. Dr. Majid AlKassabi) 상무부 장관이 1784를 직접 찾았습니다.

130개국 이상서 방문… 한국의 IT 상징적 장소로 우뚝

'중동 맹주' 사우디 정부 관계자들의 방문은 1784의 유명세에 불을 질렀습니다. 미국 국토안보부 과학기술본부 차관을 비롯해 영국 장관, 오스트리아 하원의장 등 서방 국가 최고위급 인사들은 물론, 아시아·중동·아프리카 정부 관계자들의 방문도 이어지고 있습니다. 한국 IT 기술의 상징적 장소가 된 듯한 모습입니다. 네이버 1784를 찾은 해외 인사들의 국적을 보면 130개국을 넘는다고 합니다.

네이버 관계자는 "각종 첨단기술이 유기적으로 융합돼 있는 1784를 직접 방문함으로써 네이버의 기술경쟁력에 대한 사우디 관계자들의 신뢰가 확고해진 것 같다"며 "1784는 앞으로도 팀네이버의 미래기술들을 축적해 글로

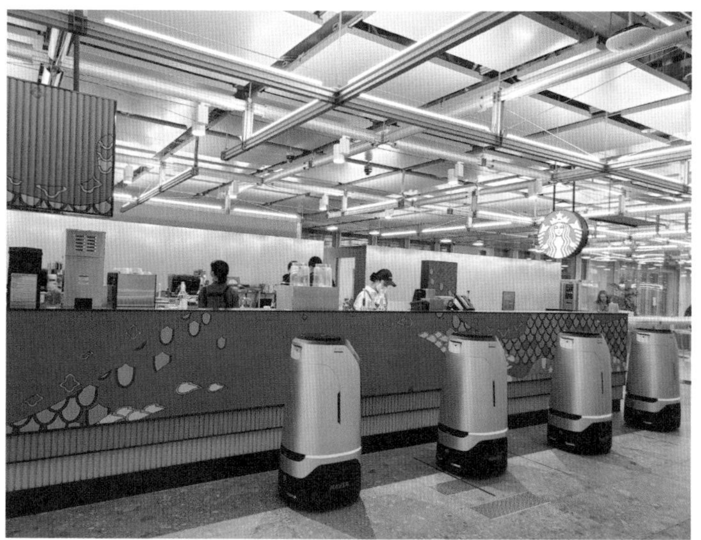

인간과 로봇이 공존하는 네이버 1784. 곳곳을 돌아다니는 로봇을 쉽게 볼 수 있다(출처: 네이버).

벌 외연 확대의 기지가 될 것"이라고 자신 있게 말했습니다.

물론 네이버에겐 이제 글로벌에서 실력을 증명해야 하는 상황이 놓여 있습니다. 사우디 디지털 트윈 플랫폼 구축 사업에 따라 사우디 수도 리야드를 비롯해 메디나, 제다, 담맘, 메카 등 5개 도시들을 대상으로 클라우드 기반의 3D 디지털 모델링 디지털 트윈 플랫폼을 구축·운영하게 됩니다. 사우디는 네이버가 구축하는 디지털 트윈 플랫폼을 통해 △ 도시 계획 △ 모니터링 △ 홍수 예측 등 국민들의 생활과 직접적으로 연관된 공공서비스에 디지털 혁신을 가미한다는 계획입니다.

국내 IT 기업인 네이버가 중동 맹주인 사우디의 공공 디지털 서비스를 첫 단계부터 구축하고, 나아가 서비스까지 직접 운영하게 되는 것입니다. 전 세계적으로 주목을 받는 계약이었던 만큼 윤석열 대통령이 직접 참석해 힘을 실어주기도 했습니다. 사업 수주 후 약 9개월간의 현지 분석, 세부 실무 협의 등을 거친 후 2024년 7월 사업에 본격 착수했습니다. 네이버는 주요 도시들에 디지털 트윈 플랫폼을 구축한 후 이를 기반으로 한국수자원공사, 한국국토정보공사(LX)와 함께 도시 계획 및 홍수 시뮬레이션 등과 같은 핵심 서비스 개발까지 이어갈 예정입니다.

네이버의 이번 수출은 클라우드 기반 스마트 시티 기술 수출이라는 점에서 단순히 디지털 트윈에 그치지 않고 하이퍼클로바(HyperCLOVA)X·소버린(Sovereign) AI·소버린 클라우드 등으로 관심이 확대되고 있습니다. 미국과 중국이 아닌 제3의 길을 가려는 사우디가 디지털 트윈를 시작으로 아랍어 거대언어모델(LLM) 구축, 디지털 트윈 기반 지능형 교통 시스템 구축에서 네이버를 파트너로 선택하며 네이버는 글로벌에서 주목하는 기업이 된 모습입니다.

사우디 계약 수주 넘어 각종 주요 행사서 빅테크급 예우

사우디가 국가적인 디지털 트랜스포메이션(DX)의 파트너로 미국과 중국 기업이 아닌 네이버를 선택한 모습입니다. 네이버도 중동 총괄 법인(가칭 네이버아라비아)를 2024년 이내 설립하기로 하는 등 중동 진출에 전사적인 에너지를 쏟고 있습니다.

네이버는 2024년 3월 사우디 수도 리야드에서 열린 LEAP 2024에 마이크로소프트(MS), 구글, 아마존, 메타, 엔비디아 등 글로벌 빅테크들과 함께 사우디 정부의 초청을 받아 참석했습니다. 부스 역시 이들 기업과 함께 '빅테크관'에 자리 잡으며 달라진 위상을 보여줬습니다. 사우디 정부가 신산업 육성을 위해 2022년부터 주최하고 있는 LEAP는 이미 규모 면에선 세계 최대 IT 전시회인 세계가전전시회(CES) 및 모바일월드콩그레스(MWC)를 능가한다는 평가를 받고 있습니다. 이어 2024년 9월엔 사우디의 대표적인 AI 컨퍼런스인 '글로벌 AI 서밋(GAIN) 2024'에 창업자인 이해진 글로벌투자책임자(GIO) 등 경영진이 총출동해 사우디 데이터인공지능청(SDAIA)과 AI·클라우드·데이터센터·로봇 분야에서 폭넓게 협력하는 내용의 양해각서(MOU)를 추가적으로 체결했습니다.

마제일 알 호가일 사우디 자치행정주택부 장관은 2024년 4월 "우리는 디지털 트윈 구축을 위한 큰 열망을 갖고 있다"며 "스마트 시티라는 목표를 위해 사우디의 모든 역량이 투입될 것"이라고 밝혀, 네이버가 수주한 디지털 트윈 구축 사업의 중요성을 재차 강조하기도 했습니다.

"'던전' 부평지하상가도 거뜬… 공공서비스 접목 확대"

"매우 복잡하지만 위치정보시스템(GPS)이 작동하지 않는 부평지하상가에 디지털 트윈이 적용되면, 누구나 손쉽게 상점 위치·정보를 찾을 수 있는 것은 물론 시설관리 측면에서 보다 긴밀한 재난관리가 가능해질 수 있다."

이동환 네이버랩스 책임리더는 '기업이 아닌 일반 시민들에게 디지털 트윈 유용성을 보다 쉽게 체감할 수 있도록 설명해 달라'는 요청에 이같이 답했습니다. 부평지하상가는 총면적 2만 6,768m²로 인천국제공항의 3배 가까이

크고 점포 수만 1,400개가 넘어 일부에선 '던전'이라 표현할 정도로 복잡합니다. 이 책임리더는 "로봇과 장비를 맨 사람을 통해 지하상가 정보를 획득해 디지털 트윈을 구축했다. 지하임에도 목적지를 입력하면 길을 찾아주게 되는 것"이라고 설명했습니다.

디지털 트윈은 사실상 원천기술과 비슷하기에 어떤 서비스를 내놓을지는 디지털 트윈 플랫폼을 활용하는 기업들이나 공공기관들의 과제입니다. 네이버나 LX의 디지털 트윈 플랫폼을 활용하는 기업이나 기관들은 다양한 형태의 디지털 트윈 기반 서비스를 내놓거나 준비하고 있습니다. LX와 디지털 트윈 관련 업무협약을 체결한 정부부처나 공공기관만 봐도 △ 국가철도공단 △ 대전도시공사 △ 한국환경공단 △ 광명시 △ 제주국제자유도시개발센터(JDC) △ 기장군 △ 한국도로공사 △ 한국토지주택공사 △ 인천국제공항공사 △ 한국산업단지공단 △ 공간정보산업진흥원 △ 고양특례시 △ 익산시 △ 부산진구 △ 소방청 △ 제주도 등 지속적으로 늘어나고 있습니다.

디지털 트윈을 활용해 어떤 서비스까지 가능할지 예측하기는 쉽지 않다는 것이 전문가들의 평가입니다. AI나 5G 등의 기술을 활용해 어떤 서비스까지 가능할지는 '사업 기획'의 영역이기에 기술에 전념하는 기업 입장에선 완전히 별개의 영역이라고 볼 수 있는 것입니다. 이 때문에 주무 부처인 과학기술정보통신부는 물론, 디지털 트윈 관련 전문 공공기관이라 평가할 수 있는 LX, 주요 공공기관들까지 나서 디지털 트윈을 활용한 신규 사업 공모에 열을 올리고 있는 실정입니다.

국내 최대 인터넷 기업인 네이버 역시 디지털 트윈 확산을 위해 실내외 디지털 트윈 데이터와 측위 데이터셋 등 자체 구축한 고정밀 데이터셋을 연구목적에 한해 무상으로 공개하고 있고, 추가적으로 자체 서비스 접목도 확대하고 있습니다.

아파트 매물 및 단지를 VR로 체험할 수 있는 부동산 VR 매물·단지 투어가 첫 시작입니다. 아파트 단지와 실내를 디지털 트윈으로 그대로 복제해 이용자들이 아파트에 직접 임장을 간 듯한 경험을 온라인에서 할 수 있습니다. 단순히 아파트를 실제처럼 보기만 하는 것이 아니라, 직접 원하는 아파트 호수에 올라가 조망을 확인할 수도 있는 수준입니다. 이와 함께 네이버 지도 거리뷰에도 디지털 트윈을 접목하기 시작했습니다. 새롭게 개발한 매핑 장비인 P1으로 측위한 정보를 바탕으로 강남에 한해 시범적으로 적용한 디지털 트윈 기술을 적용, 상점의 위치가 3차원으로 표시되고 있습니다. 내가 가고자 하는 상점의 위치를 쉽게 확인하는 것은 물론, 3차원으로 구축된 지도 정보를 통해 거리 곳곳의 정보를 쉽게 확인할 수 있습니다.

이동환 책임리더는 "디지털 트윈을 활용한 기업소비자간거래(B2C) 서비스 기획이 잘 이뤄진다면 활용이 무궁무진하다고 보고 있다"며 "이 기술을 어떤 네이버 서비스에 적용하면 좋을까를 두고 내부적으로 많은 논의를 하고 있다. 앞으로 활용이 크게 늘어날 것으로 보고 있다"고 설명했습니다.

그는 "디지털 트윈은 기본적으로 3개 축으로 수요가 생성된다. 첫 번째는 로봇이나 자율주행처럼 고정밀 3D 데이터를 필요로 하는 머신 분야다. 네이버 내에서 네이버랩스가 이를 맡고 있다"며 "사람이 쓰는 서비스의 경우 결국 도시를 계획하는 지자체나 대규모 공간을 운영하는 부동산 분야에서 활용 범위가 높아질 수밖에 없다"라고 전했습니다.

그러면서 "광활한 공간의 가치를 높이는 새로운 시도를 하고 싶은 기업이나 공공기관들이 이제 그런 시도의 기본 인프라가 디지털 트윈이라는 것을 알게 됐다"며 "디지털 트윈을 활용한 어떤 서비스들이 나올지 앞으로 지켜보는 것도 흥미로울 것 같다"라고 밝혔습니다.

9

클라우드

클라우드는 우리 일상 곳곳에 스며들어 있습니다. 이제는 신기술이라 부르기 어려울 만큼 필수적인 IT 인프라로 자리 잡았죠. 인공지능(AI)을 포함한 최신 기술들이 클라우드 기반으로 운영되면서 클라우드는 이러한 신기술과 함께 지속적으로 발전하고 있습니다. 특히 최근 챗(Chat)GPT의 등장으로 생성형 AI 시대가 열리면서 클라우드는 'AI 혁신을 이끄는 기반 인프라'로 변모하고 있습니다.

2022년 11월, 오픈AI가 선보인 대화형 AI 서비스 챗GPT는 사람처럼 자연스러운 언어를 구사하고 창의적인 콘텐츠를 생성해 전 세계를 놀라게 했습니다. 이러한 놀라운 능력의 배후에는 클라우드의 강력한 컴퓨팅 자원이 있습니다. 오픈AI에 따르면, GPT-4 모델을 훈련하는 데 2만 5,000개의 엔비디아 A100 그래픽처리장치(GPU)가 사용되었습니다. 이렇게 방대한 컴퓨팅 자원을 직접 구매하거나 설치하는 것은 현실적으로 불가능하기 때문에 클라우드 활용이 필수적입니다. 오픈AI가 클라우드 기업인 마이크로소프트(MS)와 긴밀하게 협력한 이유가 바로 여기에 있습니다.

AI 혁신 배후는 클라우드

클라우드는 IT 인프라 환경을 필요할 때 원하는 만큼만 빌려 쓰는 개념의 기술입니다. 사용자는 전산실과 같은 물리적 공간이나 설비 없이 인터넷만으로 서버, 데이터베이스(DB), 스토리지, 소프트웨어(SW) 등 필요한 IT 자원을 클라우드 서비스 제공 업체(CSP)에게 빌려 쓰고, 사용한 만큼의 비용만 지불하면 됩니다.

현대적인 의미의 클라우드 컴퓨팅 서비스는 2000년대 초반 전자상거래 기업 아마존에서 시작되었습니다. 당시 아마존의 개발자들은 핵심 업무인 개발보다 IT 인프라 환경 구축에 더 많은 시간을 소비하고 있었고, 이러한 비효율을 개선하기 위해 내부에 클라우드 컴퓨팅 환경을 구축했습니다. 이 시스템이 외부 사업으로 발전한 것이 현재의 아마존웹서비스(AWS)입니다. 2006년 AWS가 클라우드 서비스 시장의 포문을 열었고, 2년 뒤인 2008년에는 MS의 애저(Azure)와 구글 클라우드가 참전하면서 현재 '클라우드 빅3' 체제가 형성되었습니다.

초창기 클라우드 서비스는 한정된 물적 자원을 효율적으로 활용하는 데 집중했으나, 점차 비용 절감보다는 폭발적으로 증가하는 트래픽을 처리하고 최신 기술을 접목할 수 있는 수단으로 발전하고 있습니다.

이러한 배경 속에서 클라우드 도입 초기에는 온프레미스(내부 데이터센터 설치형) 시스템을 단순히 클라우드로 전환하는 '리프트 앤 시프트(Lift and Shift)' 방식을 선택하는 기업이 많았으나, 이제는 시스템 기획과 설계 단계부터 클라우드 환경을 고려하는 '클라우드 네이티브' 전환에 대한 관심이 높아지고 있습니다. 클라우드 네이티브 전략의 핵심은 '마이크로서비스 아키텍처(MSA)'입니다. MSA는 단일 시스템을 통째로 클라우드에 올려 구동하는 것이 아니라, 각 기능과 서비스를 독립된 시스템으로 구성하여 결합하는 방식입니다. 이 구조 덕분에 서비스 도중 업데이트가 필요하거나 장애가 발생했을 때 전체 시스템을 중단할 필요가 없으며, 고도화가 필요한 해당 기능의 시스템만 중지한 상태로 작업하거나 장애가 발생한 부분만 수정할 수 있습니다.

AI 전문가 아니어도 서비스 개발 뚝딱

클라우드 서비스는 최신 기술 트렌드를 반영해 계속 발전 중입니다. 생성형 AI 기술을 활용하려는 수요가 높아지면서 CSP는 사용자가 AI에 대한 전문성이 없더라도 쉽게 AI 모델에 데이터를 학습시켜 맞춤형 AI를 개발할 수 있는 플랫폼을 선보이고 있습니다. 사람처럼 자연스러운 언어 생성이 가능해 생성형 AI의 기반이 되는 '파운데이션 모델(FM)'을 미세조정(fine-tuning) 하고, 이를 응용한 서비스를 개발할 수 있게 돕습니다.

글로벌 CSP인 AWS는 아마존 베드록(Bedrock)을, 구글 클라우드는 '버텍스(Vertex) AI'를, MS 클라우드 플랫폼 애저는 '애저 AI 스튜디오'를 AI 개발 플랫폼으로 제공하고 있습니다. 국내 CSP인 네이버클라우드도 자체 FM '하이퍼클로바(HyperCLOVA)'를 활용할 수 있는 AI 개발 도구인 '클로바 스튜디오'를 제공하고 있습니다,

CSP들은 제공하는 FM의 성능과 기능을 자사 클라우드의 메리트로 강조하고 있습니다. MS 애저와 네이버클라우드가 대표적입니다. MS 애저는 오픈AI와 긴밀한 협력을 통해 최신 GPT 모델을 가장 손쉽게 활용할 수 있도록 지원하는 '애저 오픈AI 서비스'를 제공하고 있습니다. MS가 오픈AI에

130억 달러(약 17조 560억 원)를 투자하면서 두 회사는 제품과 서비스를 통합할 정도로 전략적인 협력관계를 이어가고 있습니다.

실제 오픈AI가 최신 모델 'o1-프리뷰'와 'o1-미니'를 발표한 직후 애저 오픈AI에서도 해당 모델 지원이 시작됐습니다. o1 모델은 사용자의 요청을 처리하고 이해하는 데 더 많은 시간을 할애해 과학, 코딩 및 수학과 같은 영역에서 기존 모델보다 더 뛰어난 성능을 갖췄습니다. 특히 한국인만 직관적으로 이해할 수 있는 잘못 쓰인 한국어도 이해하는 모습을 보여 주목받았습니다. 오픈AI가 공개한 데모 영상에서 o1 모델은 "직우상 얻떤 번역깃돈 일끌 슈 없쥐많 한국인듦은 쉽게 앗랍볼 수 있는 한끌의 암혼화 방뻡잇 잇다(지구상 어떤 번역기도 읽을 수 없지만 한국인들은 쉽게 알아볼 수 있는 한글의 암호화 방법이 있다)"라는 문장을 "No Translator on Earth can do this, but Koreans can easily recognize it"이라고 맞게 번역했습니다.

네이버클라우드는 한국어와 한국 문화에 최적화된 자체 FM 하이퍼클로바X를 전면에 내세우고 있습니다. 하이퍼클로바X는 한국판 AI 성능 평가 체계인 '한국어 다중 과제 언어 이해 측정(KMMLU)'에서 오픈AI, 구글의 생성형 AI보다 높은 점수를 기록했습니다. 일반 지식과 한국 특화 지식을 모두 종합한 평가에서 하이퍼클로바X는 오픈AI의 'GPT-3.5 터보'와 구글의 '제미나이(Gemini) 프로'보다 높은 점수를 기록했고, 한국 특화 지식만 평가했을 때는 오픈AI의 최신 버전인 'GPT-4'보다도 높은 점수를 획득했습니다. 하이퍼클로바X는 2022년 2월 서비스를 시작해 누적 2,000여 개 기업 및 기관에서 활용되고 있다고 합니다.

클라우드 기반 AI 개발 플랫폼을 활용해 발 빠르게 생성형 AI 기술을 접목하고 있는 사례도 속속 나오고 있습니다. 한국타이어앤테크놀로지는 아마존 베드록을 활용해 통합 데이터 플랫폼을 구축했습니다. 직원들이 기술

문서, 연구개발(R&D) 데이터, 인적 자원 관리(HR) 및 IT 지원을 포함한 회사 운영 관련 자료 등의 정보를 신속하게 찾을 수 있게 했으며, 향후 아마존 베드록에서 제공되는 FM을 미세 조정해 타이어 성능 개선 솔루션을 구축할 계획이라고 합니다. 한국방송광고진흥공사(Kobaco·코바코)는 광고 제작의 사전 기획 단계에 필요한 작업을 AI로 돕는 공공 웹서비스인 '아이작(AiSAC)'을 하이퍼클로바X 기반으로 고도화했습니다. 아이작은 2023년 하반기부터 하이퍼클로바X를 접목해 효율성과 효과성을 극대화하는 것은 물론, 광고 카피 제작 성능을 향상시키고 스토리보드의 품질도 높일 수 있었습니다. 현재는 사전 기획 단계까지만 제공하지만, 향후에는 제작 단계까지 서비스 범위를 확장할 계획이라고 합니다.

클라우드 서비스 개념도

IaaS	PaaS	SaaS
애플리케이션	애플리케이션	애플리케이션
데이터	데이터	데이터
런타임	런타임	런타임
미들웨어	미들웨어	미들웨어
운영체제	운영체제	운영체제
가상화	가상화	가상화
서버	서버	서버
스토리지	스토리지	스토리지
네트워크	네트워크	네트워크

서비스로 제공

직접 관리 영역

생성형 AI 부상에 PaaS 시장 폭발 성장

클라우드 컴퓨팅에는 인프라형 서비스(IaaS·Infrastructure as a Service), 플랫폼형 서비스(PaaS·Platform as a Service), 소프트웨어형 서비스(SaaS·Software as a Service) 등 3가지 유형이 있습니다. IaaS는 네트워킹, 컴퓨터(가상 또는 전용 하드웨어) 및 데이터 스토리지 공간 등 클라우드 IT를 위한 인프라를 빌려주는 가장 기본적인 단계입니다. PaaS는 사용자가 원하는 서비스를 개발할 수 있도록 개발 환경을 미리 구축해, 이를 서비스 형태로 제공합니다. SaaS는 슬랙(Slack), MS365 같이 서비스 공급자에 의해 실행되고 관리되는 클라우드 기반 애플리케이션(앱)을 말합니다.

생성형 AI의 부상으로 폭발적인 성장세를 보이고 있는 부문은 바로 PaaS 시장입니다. 시장조사업체 IDC에 따르면 2023년 글로벌 퍼블릭 클라우드 시장규모는 6,692억 달러로, 전년 5,593억 달러에서 19.9% 성장했고, 이 기간 PaaS 시장규모는 29.3% 커져 가장 가파른 성장세를 보였습니다. 아시아태평양지역에선 PaaS 성장세가 더 두드러졌습니다. IDC 조사 집계에서 2023년 아태지역 퍼블릭 클라우드 시장은 415억 달러로 전년 대비 24.2% 성장한 것으로 나타났는데, 이 중 PaaS 시장은 전년 대비 46.5% 성장해 클라우드 확산을 견인했습니다.

IDC PaaS 리서치 디렉터인 아담 리브스(Adam Reeves)는 "AI에 대한 투자 확대로 PaaS 수요가 전체 클라우드 시장을 앞지르고 있다"며 "생성형 AI의 부상은 AI 개발 플랫폼 및 데이터 관리 소프트웨어에 대한 높은 수요로 이어지고 있다"고 분석했습니다. 또한, "시장 선도 업체는 물론 소규모 공급업체 모두 PaaS로 제공되는 AI 제품을 지속적으로 출시해 고객 기업의 전략적 파트너가 되려는 사업 전략을 취하고 있다"고 덧붙였습니다.

'획일적 망 분리' 사라진다… 대격변 예고

국내 클라우드 시장은 대격변이 예고되고 있습니다. 그동안 국가 및 공공기관과 금융사의 클라우드 도입을 어렵게 만들었던 획일적인 망 분리 제도가 사라지기 때문입니다. 망 분리 규제가 완화됨에 따라 클라우드 활용이 활발해질 것으로 기대되며, 이로 인해 그동안 망 분리 정책으로 인해 시장 진입이 어려웠던 글로벌 CSP에게도 새로운 기회가 열릴 것으로 예상됩니다.

망 분리는 보안이 요구되는 업무망에서 인터넷을 차단하고, 인터넷 접속이 필요한 경우 별도의 PC를 사용하도록 하는 보안 정책입니다. 2006년 국가 및 공공기관에 먼저 도입되었고, 2013년 대규모 금융 전산사고를 계기로 금융권에도 확산되었습니다. 하지만 망 분리는 보안성은 우수하나 AI나 SaaS 등 신기술 활용에 제약이 있다는 지적을 받아왔습니다. 이에 2023년 12월 윤석열 대통령이 "AI 시대에 맞는 폭넓은 공공데이터 활용 체계를 갖추라"고 지시하면서 전면적인 개선이 시작됐습니다.

먼저 금융위원회는 2024년 8월 '금융 분야 클라우드 및 망 분리 규제 개선 방안'을 발표했습니다. 이로 인해 금융사의 클라우드 인프라 활용과 SaaS 도입이 활발해질 것으로 기대됩니다. 이번 조치에서는 개발 및 테스트 서버에 대한 물리적 망 분리 규제가 완화될 예정이며, 생성형 AI 등 클라우드 기반 최신 서비스를 활용할 수 있도록 규제 샌드박스가 도입될 예정입니다. 또한, 금융사가 클라우드를 이용할 때 수행해야 하는 'CSP 건전성·안전성 평가'를 금융보안원이 대신 수행해 개별 금융사가 CSP를 평가해야 하는 번거로움을 없애게 됩니다.

아울러 국가 사이버 보안 주무 기관인 국가정보원은 2024년 9월 새로운 '국가 망 보안 정책 개선 로드맵(안)'을 공개하며 공공 클라우드 시장의 변화를 예고했습니다. 이번 로드맵의 주요 내용은 획일적인 망 분리 정책을 버리고, 업무 중요도에 따라 적절한 보안 조치를 갖추면 외부 인터넷 망과 연결해 업무를 수행할 수 있도록 하는 '다층 보안 체계(MLS)'를 도입하는 것입니다. MLS는 업무의 중요도에 따라 시스템을 기밀(C), 민감(S), 공개(O) 등급으로 분류하고, 등급별로 차등적인 보안 통제를 적용해 보안성을 확보하면서도 인터넷 단절 없는 업무 환경을 구현하는 것을 목표로 합니다.

공공 및 금융 산업에서 망 분리 정책이 개선되면 가장 두드러질 변화는 글로벌 CSP의 시장 참여 확대입니다. 그동안 글로벌 CSP들은 국내에 물리적인 전용 공간을 마련해야 하는 망 분리 정책으로 인해 참여가 제한적이었으나 이번 망 분리 완화 조치로 일정 보안 요건만 충족하면 시장에 참여할 수 있게 됩니다. 특히 공공 시장이 글로벌 CSP에게 열리면, 그동안 클라우드 후발 주자인 토종 CSP들이 성장할 수 있도록 도움을 주었던 이 시장에서 파급 효과가 클 것으로 예상됩니다.

과학기술정보통신부가 발표한 '2023 부가통신사업 실태조사'에 따르면 글로벌 CSP인 AWS와 MS 애저의 이용률은 각각 60%, 24%로 1, 2위를 차지했습니다. 네이버클라우드는 20.5%의 이용률로 3위를 유지하고 있지만, 공공 시장 개방 후 토종 업체의 경쟁력이 더욱 약화될 수 있다는 우려가 나오고 있습니다.

토종 CSP 사업 전략 수정… KT는 MS와 손잡아

공공·금융 클라우드 시장 환경의 변화에 따라 토종 CSP의 사업 전략에서도 변화를 포착할 수 있습니다. 특히 공공 클라우드 시장을 기반으로 성장해 온 KT는 MS와 전략적 파트너십을 체결했습니다. 이 파트너십은 2029년까지 수조 원을 투입해 한국시장에 특화된 AI, 클라우드, IT 서비스를 공동 개발하고 사업화하는 내용을 담고 있습니다. KT는 MS와 협력하여 새롭게

망 분리 개선 단기 추진 과제 종합 구성도

출처: 금융위원회

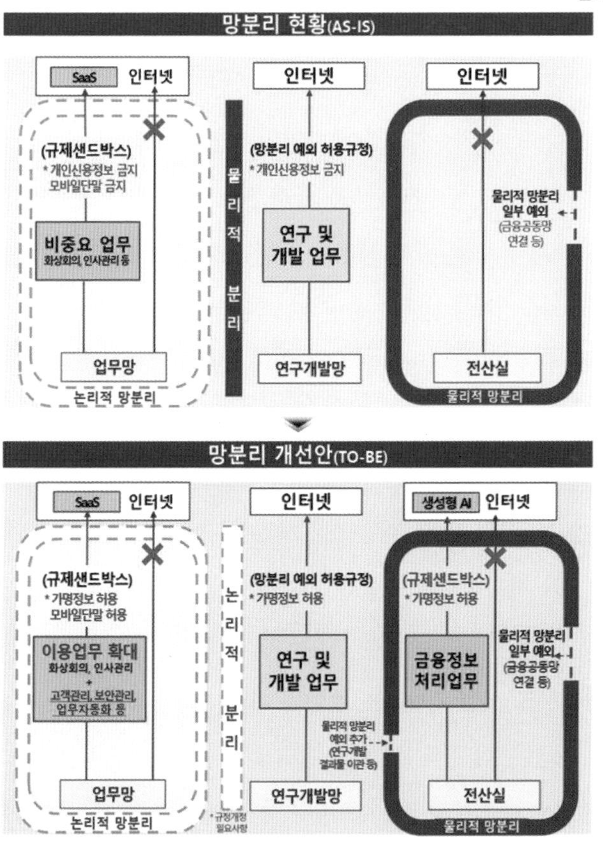

개편될 공공·금융 시장에서 경쟁업체보다 우위를 확보하겠다는 전략을 세우고 있습니다.

그럼에도 불구하고 여전히 글로벌 CSP들이 참여하기 어려운 시장도 존재합니다. 이러한 시장을 겨냥해 일부 토종 CSP는 투자를 시작했습니다. 공공 시스템 중 민감(S) 등급으로 분류된 시스템들은 정부의 통제에 따라 민간이 별도의 인프라를 구축·운영하는 '민관합작투자사업(PPP) 방식'으로 클라우드를 사용할 것으로 예상됩니다. 예를 들어, 행정안전부 산하 국가정보자원관리원 대구센터가 대표적인 PPP 방식의 인프라입니다. 삼성SDS, KT, NHN클라우드는 대구센터에 입주하기로 결정하며, 국민의 민감한 개인정보를 다루는 대형 정부·공공 시스템들이 클라우드로 전환될 때 대구센터를 활용할 것이라는 기대감이 반영된 것으로 보입니다.

망 분리 제도 개선에 따라 공공 클라우드 시장 진입 규제의 불확실성이 커진 점은 당분간 주의 깊게 살펴봐야 할 부분입니다. 그동안 클라우드 업체들은 과학기술정보통신부가 운영하는 클라우드 보안 인증(CSAP)만 획득하면 되었으나, 이제는 국정원이 새롭게 마련한 MLS도 고려해야 하는 상황입니다. 하지만 두 제도의 연계 방식에 대한 구체적인 가이드라인은 아직 제시되지 않았습니다. 국정원은 2025년 상반기까지 현행 CSAP의 상·중·하 보안 기준을 MLS의 CSO 개념으로 재정립하고, 이 과정에서 예상되는 문제들을 업계와 지속적으로 소통해 보완하겠다는 입장을 밝혔습니다.

2025년 클라우드 시장 키워드는 생성형 AI와 지속가능성

"클라우드 시장은 이제 막 생성형 AI의 영향을 받기 시작했습니다. 앞으로 AI 모델 훈련으로 컴퓨팅 자원 소비가 증가하고, 생성형 AI 기능이 앱에 본격 통합되기 시작할 것입니다. 이렇게 되면 앞으로 5년간 클라우드 시장은 연평균 20%에 이르는 고속 성장을 이어갈 것으로 전망됩니다."

시장조사업체 가트너의 캐롤린 저우(Carolin Zhou) 시니어 디렉터 애널리스트는 '2025년 클라우드 시장에서 주목해야 할 기술 트렌드'로 생성형 AI를 첫손에 꼽으며 이같이 말했습니다. 그는 CSP가 생성형 AI 확산에 있어 중요한 역할을 하고 있다고 평가했습니다.

"클라우드 기술은 대규모 생성형 AI 앱 제공과 FM 개발에 가장 적합한 기술로, 현재 CSP가 관련 기술 흐름을 주도하고 있다"고 설명했습니다.

캐롤린 저우는 기업이 생성형 AI 기술을 비즈니스에 도입하려면 먼저 △ 규제 준수 △ 보안 △ 데이터 주권 △ 지속가능성 문제를 해결해야 한다는 점을 짚었습니다. 그러면서 "기업들은 데이터 전문가와 협력해 특정 지역의 데이터 거주지 요구사항 및 데이터 보호 요구사항을 준수하고, 랜섬웨어 탐지, 취약점 관리, 데이터 보안 지침과 같은 클라우드 기반 기술을 사용해 생성형 AI의 위험을 완화하고자 할 것"이라며 "2027년까지 생성형 AI를 도입하는 기업의 70%는 퍼블릭 클라우드 생성형 AI 서비스를 선택할 때 '지속가능성'과 '디지털 주권'을 최우선 기준으로 삼을 것"이라고 예상했습니다.

그는 "가트너는 기업들이 클라우드 인프라와 앱에 지속적으로 투자함에 따라 퍼블릭 클라우드 서비스 시장 규모가 2028년까지 1조 2,600억 달러에 이를 것이며, 2023년부터 2028년까지 연평균 성장률(CAGR) 19.7%를 기록할 것으로 전망하고 있다"고 전했습니다.

2025년부터는 클라우드에서 앱을 개발·운영할 때 탄소 배출량을 관리할 수 있는 일명 '그린옵스(GreenOps)' 도구가 널리 도입될 것이라고도 전망했습니다. 캐롤린 저우는 "기업은 지속가능성에 대한 투자자, 고객, 규제 기관, 정부의 압박으로 IT 탄소 배출량을 관리하고 최적화함으로써 환경 지속가능성 목표를 달성해야 한다"며 "이를 위해 클라우드에 배포된 워크로드의 에너지 소비와 탄소 배출을 모니터링하고 관리하기 위한 새로운 프로세스, 기능, 도구가 도입될 것"이라고 예상했습니다. 그러면서 가트너는 그린옵스를 도입하는 조직의 비율이 2024년 5%에서 2027년 40%까지 증가할 것으로 예상하고 있다고 전했습니다.

그는 또 그린옵스 도입에 대한 수요가 새로운 비즈니스 기회를 창출할 것으로 내다봤습니다. 소프트웨어(SW) 모니터링 공급업체는 제품 포트폴리오를 발전시키고, 조직의 수요를 충족시키기 위해 전체 IT 스택(스토리지, 네트워킹, 서버, 운영체제, 가상화, 미들웨어, 데이터, 앱)에 걸쳐 이산화탄소 배출량과 전력 소비량을 추적할 수 있는 기능을 제공할 것이며, 또 각 워크로드 유형에 대한 지속가능성 핵심성과지표(KPI)를 최적화할 수 있는 분석 기능과 인사이트를 제공할 것으로 전망했습니다. 아울러 클라우드 관리 서비스 제공업체(MSP)는 지속가능성을 기반으로 한 새로운 상품을 개발하고 그린옵스를 관리 서비스 포트폴리오에 도입할 것이라고 봤습니다.

클라우드에서 디지털 주권과 데이터 주권을 지원하는 기능이 더 고도화될 것이라고도 그는 예상했습니다. 데이터가 저장·운영되는 위치를 제어하길 원하는 기업들이 늘면서 디지털 주권과 관련된 요구사항을 충족할 수 있는 특화 클라우드 공급업체에 대한 수요가 증가할 것이라는 설명입니다. 가트너는 2026년까지 70%의 조직이 디지털 주권 및 데이터 주권과 같은 특정 비즈니스 요구를 지원하기 위해 특화 클라우드 공급업체를 이용할 것으로 전망하고 있다고 전했습니다.

캐롤린 저우는 "데이터 위치, 보안 및 개인정보 보호, 규제 요구사항으로 퍼블릭 클라우드 서비스와 특화 클라우드 서비스를 모두 포함하는 멀티 클라우드 및 하이브리드 클라우드 전략을 채택하는 기업이 늘어날 것"이라고 내다봤습니다. 또 "특화 클라우드 업체는 앱 배포 시 지역별 요구사항을 충족할 수 있는 기능들을 제공해, 일반 퍼블릭 클라우드 공급업체들이 충분히 지원하지 못했던 영역에서 보완재 역할을 할 것"이라고 설명했습니다.

더불어 클라우드 운영에 대한 지출 관리를 최적화하기 위한 접근방식인 핀옵스(FinOps)에 대해 높아지는 관심도 2025년 주요 동향으로 꼽았습니다. 핀옵스는 재무, IT, 비즈니스팀이 협업해 클라우드 비용에 대한 책임을 공유하고 클라우드 도입 시 '비용, 속도, 성능' 간의 균형을 조정하는 것을 의미합니다. 단계별로 ① 클라우드 사용 패턴과 비용에 대한 가시성 확보

② 비용 효율성을 위한 자원 최적화 및 자동화 구현 ③ 지속적인 관리와 장기적 계획 수립으로 구성돼 있습니다.

그는 "핀옵스를 도입한 조직 대부분이 클라우드의 총비용을 효과적으로 관리하기 위해 추가적인 IT 재무관리(ITFM) 기능을 필요로 할 것이며, 따라서 IT 총비용 솔루션에 대한 관심이 높아질 것"이라고 예상했습니다.

캐롤린 저우는 끝으로 "2026년까지 40%의 조직이 증가하는 퍼블릭 클라우드 지출 관리의 어려움으로 클라우드 도입 속도를 조절할 수 있다는 조사 결과가 있다"면서 "퍼블릭 클라우드의 이점을 지속적으로 활용하기 위해선 지출을 관리하는 전략을 고민해야 한다"고 조언했습니다. 결국 클라우드 비용을 잘 관리하는 기업이 클라우드 업체가 제공하는 혁신 기술을 비즈니스에 더 잘 활용할 수 있을 것이라는 얘기입니다.

PART
03

기술 이후의 삶

10

액체생체검사

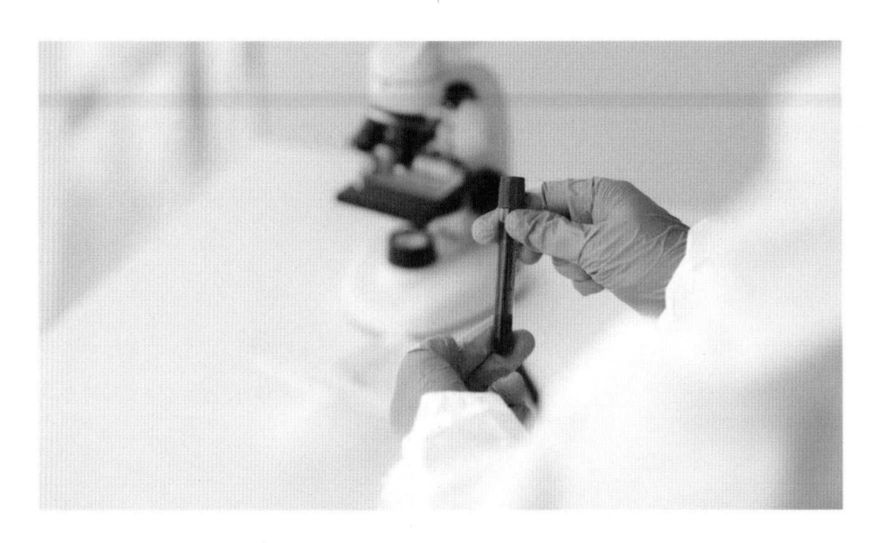

40대 직장인 A씨는 건강검진을 위해 하루 휴가를 내고 병원을 찾았다. 의료진은 내시경 검사 중 용종을 발견해 검체를 확보한 뒤 조직검사에 들어갔다. 수면마취에서 깨어난 A씨는 건강검진 의료진에게 용종 발견 소식을 들었으며, 2주 뒤 다시 병원에 방문해 건강검진 및 조직검사 결과를 듣기로 했다. 암 가족력이 있는 A씨는 검사 결과를 기다리는 2주 동안 '혹시나' 하는 생각에 마음이 편치 않았다.

이처럼 현재 암 진단을 위해서는 병원을 찾아 수면마취 등을 한 뒤 조직을 떼 검사하고 한참 뒤에 검사 결과를 받아야 하는 불편함이 있습니다. 그러나 기술이 발달하면서 이런 불편함을 덜어줄 기술이 상용화됐습니다. 주인공은 바로 액체생체검사(액체생검)입니다.

피 한 방울로 암 발견, 진단업계 새 패러다임

액체생검은 조직을 떼는 조직생체검사(조직생검)와 다르게 혈액이나 소변, 뇌척수액 등 체액 속 DNA를 분석, 암 발생 위험을 조기에 예측하는 차세대 진단 기술입니다. 조직 절제 없이 검체를 얻을 수 있어 수검자의 불편을 크게 줄여주고 진단 시간도 줄어들 전망입니다.

아직까지 대부분의 암 검사에는 조직생검, 컴퓨터단층촬영(CT), 자기공명영상(MRI), 내시경 등이 활용되고 있습니다. 그러나 앞선 사례와 같이 불편함뿐 아니라 시간이 많이 드는 단점이 있습니다. 이에 혈액 등으로 암을 진단하는 액체생검이 트렌드가 될 것이라는 전망이 나옵니다. 액체생검 분야는 미국 매사추세츠공대(MIT)와 세계경제포럼(WEF)이 각각 선정한 '10대 유망 기술'에 꼽히기도 했습니다.

글로벌 시장조사기관인 포춘비즈니스인사이트(Fortune Business Insights)에 따르면, 세계 액체생검 시장규모는 2022년 80억 1,000만 달러에서 연평균 25.3%의 비율로 성장해 2029년에는 264억 5,000만 달러, 2032년에는 586억 4,000만 달러에 달할 것으로 예상됩니다.

액체생검 시장을 지역별로 살펴보면 역시 북미 시장이 가장 큰 규모를 형성하고 있습니다. 2023년 북미 시장 규모는 43억 6,000만 달러로, 앞으로도 글로벌시장 점유율 대부분을 가져갈 것으로 예상됩니다. 유럽은 시장점유율과 수익 측면에서 두 번째로 중요한 시장으로 집계됐습니다. 유럽은 암 검진에 대한 인식이 높아지면서 상당한 점유율을 차지하고 있습니다. 유럽의 경우 기타 병리학 검사와 함께 암 검진을 강화하기 위한 유럽 정부의 전략적 이니셔티브에 따라 성장에 가속이 붙을 전망입니다.

액체생검 분야에서 가장 주목을 받는 것은 단연 '암 진단'입니다. 암은 전세계적으로 질병 부담의 주요 원인이며 발생률이 지속 증가하고 있습니다.

대기오염과 같은 환경적 요소뿐 아니라 흡연, 신체 활동 부족을 포함한 생물학적 위험 요소는 암 발생을 늘리고 있습니다.

암 유병률이 증가함에 따라 조기 검진 등에 대한 수요도 지속적으로 증가하고 있습니다. 그만큼 혈액 등 생체액을 이용한 비침습적 검진 검사 수요도 높아지는 상황입니다. 암 등에 대한 정부의 공개 검진 사업도 증가하면서 비침습적 검진 검사에 대한 관심도 높아지고 있습니다.

액체생검이 세상을 바꿀 기술로 알려지면서 전 세계를 떠들썩하게 만든 사건도 발생했습니다. 바로 '테라노스(Theranos) 사건'입니다. 2003년 엘리자베스 홈즈(Elizabeth Holmes)가 설립한 혈액검사 스타트업 테라노스와 관련된 대규모 사기 사건으로, 테라노스는 단 몇 방울의 혈액으로 수백 가지의 질병을 신속하고 저렴하게 진단할 수 있는 혁신적인 기술을 개발했다고 주장하면서 큰 주목을 받았고 기업가치는 10조 원까지 뛰어올랐습니다.

하지만 2015년 월스트리트저널이 테라노스의 기술이 부정확하고 신뢰할 수 없다는 의혹을 제기하면서 사건이 본격적으로 수면 위로 드러났습니다. 테라노스의 기술이 사실상 작동하지 않으며 실질적 성과도 없이 허위 주장을 이어가고 있다는 지적이었는데요. 홈즈는 이를 은폐하려 했지만 점점 더 많은 증거가 나왔습니다. 2018년 테라노스는 결국 문을 닫았습니다. 2022년 1월 홈즈는 투자 사기 혐의로 유죄판결을 받았고, 2023년에는 11년 3개월의 징역형을 선고받았습니다.

사기 같은 기술이 현실로, 투자와 연구개발 이어져

테라노스의 기술은 사기인 것으로 밝혀지고 업계 신뢰도에 큰 타격을 줬지만, 그동안 기술이 빠르게 발달하면서 진짜 액체생검 서비스를 제공하는 기업들이 하나둘 탄생했습니다.

글로벌 1위 액체생검 기업인 미국 가던트헬스(Guardant Health)는 2014년 미국 식품의약국(FDA)으로부터 액체생검 제품 '가던트360'을 허가받은 뒤 전 세계 60개국, 약 25만 명의 고형암 환자에게 제품을 공급 중에 있습니다.

가던트360은 진행성 고형암 환자를 대상으로 혈액에 유입되는 미량의 암세포 유래 DNA 조각인 '세포 유리 DNA(cfDNA·cell-free DNA)'를 차세대 염기서열분석 방법으로 분석해 암 특이 유전자 돌연변이를 검출하는 검사입니다. 해당 검사는 모든 고형암에 대한 포괄적 유전체 검사로 허가받았습니다. 특히 비소세포폐암 치료에 사용되는 타그리소, 리브레반트, 엔허투, 루마크라스와 유방암에서 ESR1 변이를 적응증으로 하는 오르세르두 등의 항암요법에 대해 동반진단으로 지정돼 있습니다.

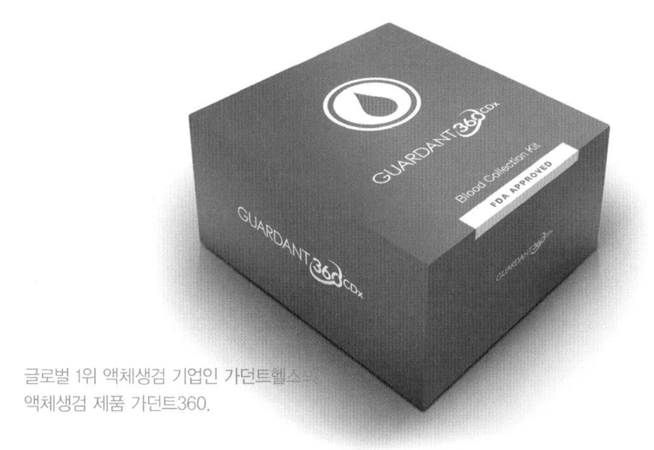

글로벌 1위 액체생검 기업인 가던트헬스의
액체생검 제품 가던트360.

가던트헬스는 우리나라 바이오 투자자들에게도 꽤 익숙한 이름입니다. 국내 의료 AI 기업인 루닛이 2023년 가던트헬스와 암 진단 제품의 국내 유통 계약을 체결했기 때문입니다. 루닛은 가던트헬스 제품의 국내 출시를 통해 국내시장 매출 구조를 다각화할 계획이며, 확보한 유통망을 AI 바이오마커 플랫폼 '루닛 스코프' 국내 유통에 적극 활용한다는 계획입니다.

또 가던트헬스는 2024년 7월 FDA로부터 대장암과 관련된 변화를 감지하는 비침습적 혈액 기반 선별 검사 제품 '가던트실드'를 허가받기도 했습니다. 미국 FDA가 대장암 1차 선별 검사 옵션으로 혈액검사 제품을 승인한 것은 이번이 처음이라는 점에서 의미가 있습니다.

이 밖에도 파운데이션메디슨(Foundation Medicine), 메나리니실리콘바이오시스템즈(Menarini Silicon Biosystems, Inc.), 써모피셔사이언티픽(Thermo Fisher Scientific Inc.), 퀴아젠(Qiagen), 일루미나(Illumina) 등이 액체생검 시장에서 활약 중입니다.

액체생검 기업을 향한 투자와 연구개발 등도 이어지고 있습니다. 대표적으로 2024년 초 미국의 액체생검 바이오 벤처기업 프리놈(Freenome)은 시리즈F 투자라운드에서 2억 5,400만 달러의 펀딩을 마쳤습니다. 이 투자는 글로벌 빅파마인 로슈(Roche)의 주도로 이뤄졌다는 점에서 더 큰 주목을 받았으며, 로슈는 2019년 프리놈의 시리즈B 라운드부터 지금까지 모든 투자에 참여하면서 더 큰 기대감을 불러일으켰습니다. 미국 데이터분석기관 CB인사이츠(CB Insights)에 따르면 시리즈F 라운드까지 포함한 프리놈의 누적 투자금은 총 13억 5,300만 달러(약 1조 8,000억 원)에 달합니다.

2022년 델피다이아그노스틱(Delfi Diagnostics)은 암 발견에 활용되는 액체생검 테스트 개발을 위해 2억 2,500만 달러의 자금을 조달했으며, 2021년 바이오마크다이아그노스틱솔루션(BioMark Diagnostic Solutions)은 캐나다 국립연구위원회 산업연구지원 프로그램(NRC IRAP)으로부터 최대 자금을 지원받아 폐암 선별 및 조기 발견을 위한 액체생검 분석의 연구개발(R&D)에 사용했습니다.

또 2022년 가던트헬스는 혈액 기반 검사 가던트리빌(Guardant Reveal)의 도움으로 초기 유방암 환자를 식별하기 위한 임상 연구를 수행하고 있습니다. 메나리니는 다나파버암연구소(Dana-Farber Cancer Institute)와 협력해 초기 단계의 다발성골수종 환자를 최소 침습적으로 관리할 수 있는 가능성을 보여주는 임상 연구를 수행했습니다.

세계 액체생검 시장규모 및 전망

출처: 포춘비즈니스인사이트(2024), NICE디앤비 재구성
단위: 억달러

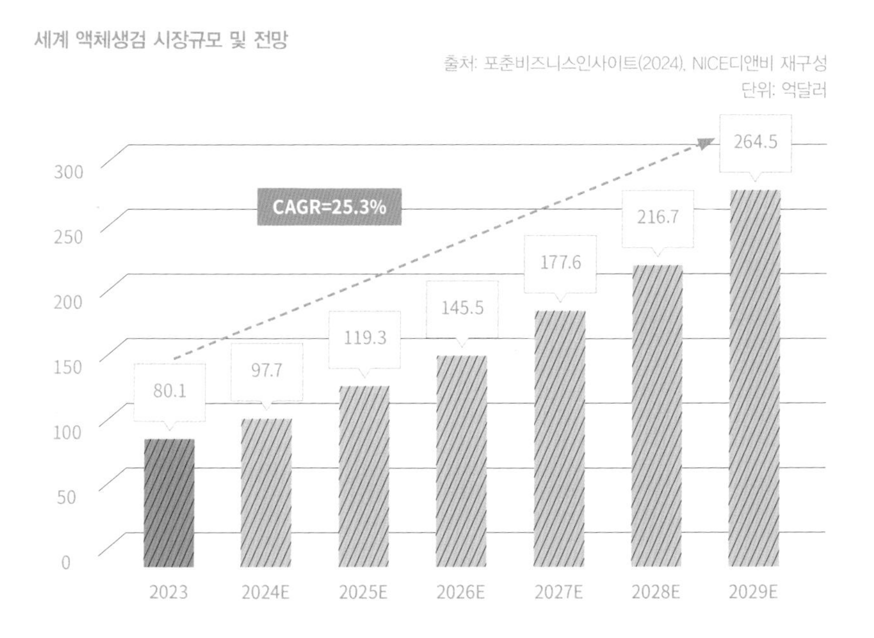

국내 액체생검 대표 주자, 싸이토젠과 아이엠비디엑스

국내에선 싸이토젠, 아이엠비디엑스 등이 액체생검 서비스를 제공하고 있으며 연구개발을 이어가고 있습니다.

싸이토젠은 혈액 속을 돌아다니는 암세포인 순환 종양 세포(CTC·Circulating Tumor Cell)를 살아 있는 채로 포획하는 독보적인 기술을 바탕으로 존재감을 드러내고 있습니다. 이 기술은 사실 그동안 불가능한 것이 아니냐는 의견이 지배적이었습니다. 앞서 2012년 미국의 바이오 기업 셀서치(CellSearch)가 자성으로 암세포를 끌어모은 뒤 CTC를 수집하는 방

법을 고안했지만 자성 때문에 세포 변형이 생기면서 불완전한 기술로 남았습니다.

하지만 싸이토젠은 CTC 분리 기술에 대한 해법을 반도체에서 찾아냈습니다. 지름 5μm(마이크로미터)로 미세한 구멍을 뚫은 반도체 칩에 혈액을 통과시켜 암세포를 거르는 방식을 채택해 문제를 해결한 것입니다. 일반적인 암세포의 크기는 7μm 안팎이기 때문에 암세포는 걸러지고, 이보다 작은 적혈구와 백혈구는 빠져나가는 방식입니다.

싸이토젠의 액체생검 방식은 암 정보를 확보하는 데 조직생검보다 가격과 시간 측면에서 효율적입니다. CT나 MRI 등 영상을 통해서는 5mm보다 작은 암세포를 찾아내기 어렵지만 싸이토젠의 액체생검 기술을 활용하면 5mm다 작은 암세포라도 CTC를 통한 진단이 가능한 셈입니다. 싸이토젠은 난소암이나 전립선암, 췌장암 등 조직생검이 어려운 분야에서도 액체생검 활용성이 극대화될 수 있을 것으로 기대 중입니다.

2018년 설립된 아이엠비디엑스는 국내 유일 차세대 염기서열분석(NGS·Next Generation Sequencing) 기반 액체생검 기술을 상용화했습니다. 암세포는 증식 과정에서 '순환 종양 DNA(ctDNA·circulating tumor DNA)'를 방출하는데, 아이엠비디엑스는 혈액 속 ctDNA를 바이오마커로 해 암유전자를 찾아내는 기술을 가지고 있습니다.

보유 제품으로는 암의 정밀진단 및 치료에 활용하는 '프로파일링' 부문에 알파리퀴드 100 및 알파리퀴드 HRR, 암 수술을 받은 환자의 재발을 모니터링하는 '캔서디텍트' 부문에 알파리퀴드 디텍트, 다중암 조기진단이 가능한 '캔서파인드' 부문에 알파리퀴드 스크리닝이 있습니다.

알파리퀴드 100은 한 번의 채혈로 118개 암 관련 유전자를 동시에 검사해 폐암, 위암, 대장암, 유방암, 전립선암 등 주요 고형암과 흑색종, 육종과 같은 희귀암 진단에 사용할 수 있습니다. 또 표적치료(targeted therapy)를 위한 바이오마커를 확인할 수도 있습니다.

15개의 '상동 재조합 복구(HRR·Homologous Decombination Repair)' 유전자 선별 분석이 가능한 제품인 알파리퀴드 HRR은 아스트라제네카와 동반진단 협약을 체결하면서 크게 주목받기도 했습니다. 이 밖에도 아이엠비디엑스는 유한양행 렉라자 동반진단 키트도 개발 중이며 미국 바이든 정부가 주관하는 '캔서문샷(Cancer Moonshot)'에도 합류했습니다.

세상을 바꿀 액체생검, 비용 등 넘어야 할 산 많아

액체생검이 세상을 바꿀 수 있는 기술이라는 것에는 대다수가 동의하지만 아직까지는 넘어야 할 산도 많이 있습니다.

혈액검사의 정확도가 높아졌다고는 해도 조직검사에 비해서는 낮은 수준이기 때문에 완전 대체가 어려울 수 있다는 점입니다. 일선에서 환자를 대하는 의료진들 입장에서는 단 하나의 실수도 허용되지 않는 만큼 조직검사를 통한 확인이 이뤄질 수밖에 없다는 것입니다.

이와 관련 아이엠비디엑스 관계자는 "액체생검이 조직검사를 완전히 대체하는 것은 어려울 것"이라며 "대신 모든 암에서 조직과 혈액을 동시에 검사하는 것이 권고될 가능성이 크다"라고 설명했습니다.

실제로 2024년 1월 〈미국의사협회저널(JAMA)〉에 따르면 비소세포폐암, 유방암, 전립선암, 대장암 연구에서 조직검사만 할 때보다 혈액검사를 같이 할 때 9.3%나 더 많은 환자에서 표적치료에 유용한 변이를 발견하는 등 매우 의미 있는 데이터가 확인된 바 있습니다.

조직생검 대비 높은 비용도 해결해야 할 문제입니다. 앞서 살펴본 것과 같이 액체생검은 암, 산전 검사 등 여러 적응증의 선별 및 치료를 위한 조직생검에 대한 보완적인 접근법으로 떠오르고 있습니다. 그러나 질병의 조기 발견 및 모니터링에서 전통적인 접근법에 비해 잠재적인 이점이 있음에도 불구하고 선별검사 및 테스트 분석 키트와 관련된 비용 부담이 큽니다.

아이엠비디엑스 관계자는 "2023년 말 미국 의료 관련 잡지 〈힐리오(Healio)〉가 발표한 데이터에 따르면 대장암 검진을 위한 액체생검 비용은 대장내시경 검사보다 상대적으로 높은데, 일반 대중의 채택을 늘리려면 액체생검 비용을 66%는 줄여야 하는 것으로 나타났다"고 말했습니다.

알려진 바에 따르면 단일 액체생검 테스트 비용은 미국에서도 2,000달러 이상인 경우가 많습니다. 2022년 7월 기준 미국 국립생물공학정보센터(NCBI) 추정에 따르면 가던트360-NGS 테스트 비용은 약 3,500달러로, 종양 조직생검 수집 비용 1,400달러보다 2배 이상의 비용이 필요합니다. 이런 요인들이 액체생검 관련 임상 연구를 수행하는 비용을 높일 뿐 아니라

액체생검과 조직생검의 차이

액체생검
비침습적(최소한의 침습)
단시간 소요
고감도
샘플 분리 비용 낮음
임상적으로 검증되지 않음
조직학적 평가 미제공
지속적 종양 진화 감시
약물 반응 실시간 감시
암 종양 반응에 대한 이질성
조직생검
침습적
장기간 소요
저감도
샘플 분리 비용 높음
임상적으로 검증됨
조직학적 평가 제공
종양 진화 미감시
약물 반응 실시간 감시하지 않음
암 종양 반응에 대한 이질성 없음

시장 성장을 억제하는 것으로 분석됩니다.

아울러 진단의 전 단계라 할 수 있는 '암 예측'은 아직 어려운 상황입니다. 아이엠비디엑스 관계자는 "현재 액체생검 기술은 인간 유전체에 이상이 생긴 뒤 이에 따른 바이오마커를 검출하는 것이기 때문에 예측 부분까지 가기엔 쉽지 않을 것"이라고 언급했습니다.

하지만 이런 현재의 문제와 고민은 기술력이 발달하면서 그리 머지않은 미래에 모두 해결될 수도 있습니다. 따라서 액체생검은 여전히 많은 기대를 받고 있습니다.

액체생검 다음은 기체생검?

이처럼 아직 해결해야 할, 넘어야 할 문제도 많지만 액체생검을 넘어 그 이후에 대한 기대감도 있습니다. 아직까지는 매우 황당하게 들리는 주장이지만 기술의 발전에 따라 액체생검을 넘어 '기체생검'까지 가능하다는 의견이 바로 그것입니다.

기체생검은 주로 호흡을 통해 질병을 진단하는 방법으로 연구가 이뤄지고 있습니다. 호흡 속에 포함된 휘발성 유기화합물(VOCs)을 분석해 다양한 질병을 감지하는 것을 목표로 합니다. 호흡 과정에서 나오는 기체는 우리 몸의 대사 과정에서 생성된 다양한 화합물이 포함돼 있는데, 특정 질병에 걸리면 그 화합물의 농도나 종류가 변화하는 것으로 알려져 있습니다. 이를 통해 암, 폐질환, 간질환 등 다양한 질병 진단에 활용하는 방식이 될 것으로 예상됩니다. 이 기술이 상용화되기까지는 아직 여러 도전 과제가 남아 있습니다. 휘발성 유기화합물의 정확한 패턴 분석, 검사의 신뢰성과 민감도 향상, 외부 요인의 영향을 최소화하는 연구 등이 필요합니다.

싸이토젠, 차별화된 기술력으로 글로벌 무대서 경쟁

"글로벌 무대에서 치열한 경쟁이 이뤄지는 만큼 명확한 차별점을 가진 기술이 필수적이며 싸이토젠은 독자적 플랫폼을 바탕으로 우리나라와 일본, 미국 등에서 진단 의료 니즈를 충족시키고 있습니다."

CTC 기반 플랫폼 기술을 보유한 싸이토젠의 김정원 R&D연구소장은 "스마트 리퀴드 바이옵시(Liquid Biopsy) 플랫폼은 차별화되는 경쟁력과 기술의 우수성을 인정받았다"며 이같이 말했습니다. 싸이토젠은 CTC 기반 플랫폼을 기반으로 진단 서비스 및 제품 개발과 제약사 항암 신약 개발 과정에서의 바이오 서비스 제공 등의 사업을 이어가고 있습니다.

싸이토젠의 스마트 바이옵시 플랫폼은 CTC 분리를 위해 금속 칩에 정교한 구멍을 뚫어 백혈구나 적혈구 등은 빠져나가게 하고 크기가 큰 CTC를 걸러내는 방식입니다. 어떠한 압력도 가하지 않고 중력을 이용해 빠른 시간(25분) 내 CTC를 분리하기 때문에 살아 있는 상태로 확보가 가능합니다.

김 연구소장은 "분리된 CTC는 암 환자 맞춤형 정밀진단, 항암제 선정, 치료 효과 모니터링 및 재발 예측 등에 활용이 가능하며 살아 있는 CTC를 배양해 항암제 약효 검증, 바이오마커 발굴, 동반진단 등의 신약 개발에도 적용할 수 있다"고 강조했습니다.

또 "최근에는 자동화 플랫폼의 소형화 및 고도화를 진행 중이며 반도체 칩보다 제조 단가를 낮출 것으로 예상되는 레이저칩의 개발을 앞두고 있어, 추후 생산성 및 수익성이 강화될 것으로 기대하고 있다"라고 첨언했습니다.

특히 싸이토젠은 국내뿐 아니라 글로벌 무대에도 적극적으로 진출하면서 무대를 점차 넓혀가는 중입니다.

구체적으로 싸이토젠의 액체생검 플랫폼 스마트 바이옵시는 미국 국립보건원(NIH)의 암 면역요법의 대가이자 선구자인 스티븐 로젠버그(Dr.

Steven Rosenberg)랩과 소세포폐암의 전문가인 애니시 토머스(Dr. Anish Thomas)랩 등에 설치돼 운영 중에 있습니다. 또 유럽 바이오마커 연구소인 씨비메드(CBmed)와 유럽액체생검학회(ELBS) 등이 속한 유럽 액체생검 연구 컨소시엄에 싸이토젠이 선정돼 액체생검 국제표준 프로세스의 임상 검증에 참여했고 최근에 관련 논문이 발간되기도 했습니다.

김 연구소장은 "현재는 현지 법인을 보유한 일본과 미국 사업에 매출 증대를 목표로 우선 집중하고자 하며, 추후 교두보를 쌓아놓은 유럽과 대만, 싱가포르 등의 아시아지역을 포함한 글로벌시장에 진출할 예정"이라고 밝혔습니다.

싸이토젠은 2024년 1월 일본에 법인을 설립하고 연구소까지 설치했습니다. 이를 바탕으로 싸이토젠은 국립암병원에서 진행하는 대규모 암 진단 프로젝트에 참가하고 있습니다. 김 연구소장은 "일본 5대 제약사의 연구자를 비롯 일본의 국립 및 대학병원의 임상의와 상담하는 과정에서 이들로부터 CTC 활용에 대한 요구를 받으면서 일본 내에서 CTC 사업의 성공에 대한 확신을 가졌으며, 도쿄 내의 클리닉과 암 진단 프리미엄 서비스를 진행할 계획"이라고 말했습니다. 이 밖에도 일본 대형 제약사 중 하나인 다이이찌산쿄와 2018년 18억 원 규모로 신약 개발을 위한 바이오마커 분석 프로젝트 계약을 맺고 공동연구개발을 수행했으며, 현재도 다이이찌산쿄와 신약 개발 추가 사업 협력을 논의하고 있습니다.

김 연구소장은 "빅파마에 기술이전한 신약을 개발한 제약사와도 CTC 분리·분석 서비스를 현재 수행하고 있으며, 본사뿐 아니라 일본·미국 지사를 활용해 다양한 국내외 제약사들과의 사업 협력을 이어나갈 예정"이라고 밝혔습니다.

11

전고체배터리

전고체배터리는 전기차와 에너지저장시스템의 미래를 여는 핵심기술로 주목받고 있습니다. 기존의 액체 전해질을 고체로 대체해 안전성과 에너지 밀도를 크게 향상시키는 전고체배터리는 그 기술적 가능성으로 인해 자동차 산업을 비롯한 다양한 분야에서 혁신을 불러일으킬 잠재력을 지니고 있습니다.

하지만 요즘 글로벌 완성차업계와 배터리 부품사들이 전기차 '캐즘(Chasm)' 현상 심화로 골머리를 앓고 있다는 소식 자주 들으시죠. 캐즘은 새로운 기술이나 제품이 개발돼 시장에 나오기는 했지만 완전한 대중화까지는 수요가 충분치 않은 상태를 일컫습니다. 2023년 글로벌 전기차 판매량은 1,407만 3,000대로 전년 대비 무려 33.5%나 늘었는데요. 2024년 시장성장률은 그 절반 수준인 16.6%로 전망됩니다. 시장이 계속 커지긴 하지만 가속도가 확 줄어든 것은 확실합니다.

캐즘 현상이 왜 이렇게 심화되는 걸까요? 가장 핵심적인 이유는 전기차의 성능이 아직 대중의 눈높이에 못 미치는 탓입니다. 신기술에 관심이 많은 얼리어댑터의 호기심은 충족시켜줄 수 있지만 실용성에 초점을 맞추는 일반 대중에게는 제품 성능이 아직 부족하다는 거죠. 한마디로 전기차 배터리의 주행거리가 짧고 화재 위험성이 큰 게 문제입니다.

전기차 시장의 캐즘이 언제 끝날지는 누구도 알 수 없습니다. 그러나 전고체배터리가 상용화된다면 캐즘도 끝날 것이라는 전망은 지배적입니다. 전고체배터리가 도대체 무엇인지 궁금하실 텐데요. 우선 현재 전기차에 들어가는 배터리는 무엇이고, 또 어떤 한계를 갖고 있는지부터 설명하겠습니다.

리튬이온배터리 한계 넘어설 기대주 전고체

현재 전기차에 많이 사용되는 배터리는 리튬이온배터리입니다. 리튬이온배터리는 크게 양극재, 음극재, 전해질, 분리막 이렇게 4가지 핵심 소재로 구성됩니다. 원리는 이렇습니다. 리튬이온이 양극재와 음극재 사이를 이동하는 화학적 반응을 통해 전기를 만들어냅니다. 양극의 리튬이온이 음극으로 이동하며 배터리가 충전되고 음극의 리튬이온이 양극으로 돌아가며 에너지를 방출 및 방전하는 식이죠. 양극과 음극 사이에서 리튬이온이 잘 이동할 수 있도록 통로 역할을 해주는 것이 전해질이고요. 양극과 음극이 서로 닿지 않게 해주는 것이 분리막입니다.

리튬이온배터리의 초기 에너지 밀도는 리터당 200Wh(와트시), 킬로그램

리튬이온 및 전고체배터리 구조 비교

출처: 포스코퓨처엠

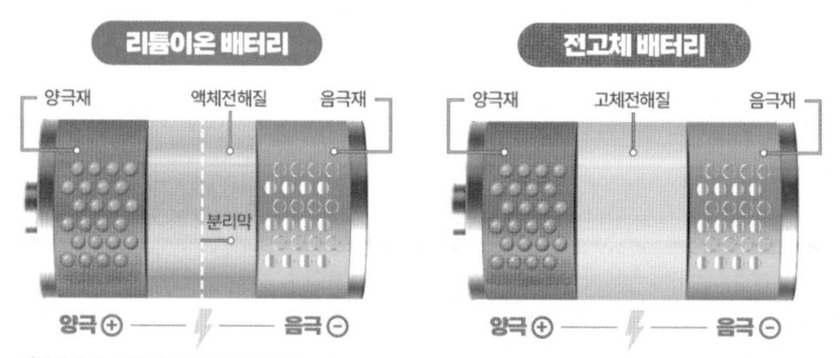

액체전해질 : 리튬이온이 양극과 음극을 오가는 통로 | 분리막 : 양극과 음극이 닿지 않게 하며, 리튬이온만 통과
고체전해질 : 전해질과 분리막 역할을 동시에 함

당 80Wh 수준이었는데요. 지금까지 연구개발을 거듭해 3배가량 밀도가 증가했습니다. 실제로 2011년 전 세계에서 가장 많이 팔렸던 전기차인 닛산 리프는 1회 충전 시 120km 정도만 주행이 가능했습니다. 그런데 현재는 에너지 밀도가 높아져 최근 출시된 모델은 500km 수준에 달합니다. 정말 빠른 속도로 그 성능이 개선되고 있습니다.

하지만 문제가 있습니다. 에너지 밀도가 높아 화재나 폭발 위험성도 커지는 것이죠. 독일보험협회 산하 화재예방 연구소인 VDS의 'S+S Report International'에 따르면 리튬이온배터리는 기계적 손상, 과방전, 과충전으로 인해 전기적 결함, 내부 과열, 외부로부터 이차적 열 방출 등이 발생해 폭발반응이 일어날 수 있다고 합니다. 최근 국내에서도 지하 주차장에서 충전 중이던 전기차 화재로 큰 사고가 났었죠. 이 같은 안전 문제를 완벽히 해결하기 전에는 전기차 캐즘 현상을 극복하기 어렵다는 분석이 지배적인 이유기도 합니다.

바로 이러한 문제를 해결할 최적의 해법이 전고체배터리입니다. 전고체는 배터리 필수 구성 요소 중 하나인 전해질이 액체가 아니라 고체로 이뤄진 배터리로, 우선 안전성이 액체 전해질에 비해 높고 에너지 밀도와 출력도 더 뛰어납니다. 한 마디로 화재 위험은 적으면서 성능은 더 뛰어난 배터리라는 것이죠. 또 고체 전해질은 0℃ 이하의 저온이나 60~100℃ 고온에서 액체 전해질보다 전도 성능이 향상된다는 장점도 있습니다.

전고체배터리는 제조업체 입장에서도 특별한 장점이 있습니다. 안전성이 뛰어나기 때문에 온도 변화나 외부 충격을 막기 위한 안전장치 및 분리막이 따로 필요하지 않습니다. 이러한 안전장치 대신에 배터리 성능을 높이기 위한 소재가 들어갈 공간도 확보할 수 있죠. 고용량화, 소형화, 형태 다변화 등 전기차뿐 아니라 다양한 환경과 목적에 알맞은 배터리를 개발할 수 있을 것으로 기대되고 있습니다.

덕분에 시장 전망도 밝습니다. 업계에서는 2027년부터 2030년 사이에

전 세계 전고체배터리 시장 전망

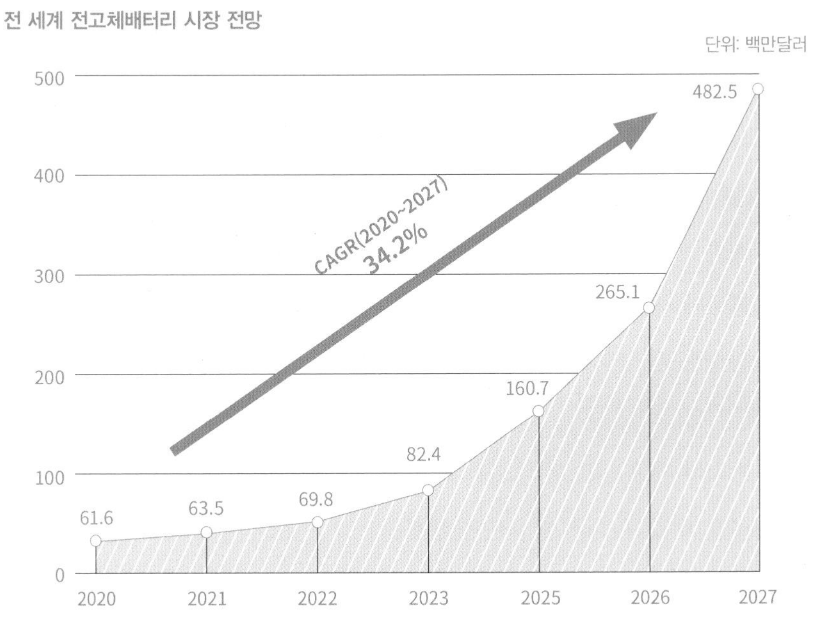

출처: 포스코퓨처엠, 마켓앤드마켓 'Solid state battery market, global forecast to 2027' 참조

전고체배터리가 상용화할 것으로 예상하고 있고요. 전 세계 전고체 시장은 2020년부터 2027년까지 연평균 34.2%의 높은 성장률이 예상됩니다.

전고체배터리는 이처럼 장점이 많아 '꿈의 배터리'로 불립니다. 하지만 장점만 있는 기술은 없죠. 상용화 단계까지는 해결해야 할 문제들이 아직 많이 있습니다. 우선 전고체배터리의 단점으로는 낮은 '이온전도도'가 꼽힙니다. 이온전도도란 물질의 이온전도 경향을 나타내는 척도인데요. 한 마디로 고체 전해질에서는 이온이 액체 전해질에서보다 이동속도가 느리다는 거죠. 이 때문에 고체 전해질에서 이온전도도의 속도를 높이는 기술적 난제가 현재 존재하는 상황입니다.

이보다 더 큰 걸림돌도 있습니다. 기술적 문제는 언젠가 해결될 수 있을 것으로 전망되지만 과연 양산화에 성공할 수 있을까에 대해서는 의구심을 갖는 사람들도 있습니다. 고체 전해질 중 가장 높은 전도도를 갖는 황화물계 전해질은 습기에 노출되면 안 된다는 특징이 있는데요. 이런 문제를 해결하기 위해 새로운 공정을 만드는 데 비용이 많이 들어갈 뿐만 아니라 황화리튬(Li2S) 소재 자체의 가격이 높다는 비용적 부담이 존재합니다. 현재 황화리튬 가격은 kg당 1,500~2,000달러 수준에서 형성돼 있는데, 기존 액체 전해질 가격이 kg당 15달러 수준인 점을 감안하면 단기간에 가격 장벽을 극복하기 어렵다는 전망이 우세합니다.

물론 앞으로 새로운 공정과 기술이 개발되면 황화리튬의 가격도 낮아질 것이란 기대도 있습니다. 현재는 리튬 금속과 황을 반응시켜 황화리튬을 만드는 공정이 활용되고 있는데요. 황산리튬에서 황화리튬을 얻는 공정을 개발하는 등 비교적 적은 비용으로 황화리튬을 생산하는 연구도 활발히 진행되고 있습니다. 업계에서는 황화리튬 가격을 kg당 50달러로 낮춰야만 전고체배터리의 양산이 가능할 것으로 보고 있습니다. 전고체배터리 1Gwh(기가

와트시)를 생산하기 위해서는 대략 황화물계 고체 전해질 1,000t(톤), 황화리튬 300t이 필요할 것으로 추정됩니다.

황화물·산화물·폴리머… 다양한 전고체 후보는

앞서 잠깐 이야기한 것처럼 배터리 내 이온의 이동통로 역할을 하는 전해질을 액체 대신 고체로 하는 전고체배터리는 상용화까지 기술적 난제가 하나 존재합니다. 바로 낮은 이온전도도입니다. 기존 액체 전해질에서 이온은 자연스럽게 흐르는 방식으로 이동하는데, 고체 전해질에서는 고체 격자 사이를 이동하는 방식으로 움직이기 때문이죠.

이온전도도를 높이기 위해서는 전해질과 양 극판의 접촉을 최대화하고 접촉면에서의 저항을 최소화해야 합니다. 이를 위해 현재 업계에서는 고체 전해질에 다양한 소재를 적용해 최적의 방법을 찾아내기 위한 노력이 진행되고 있는데요. 크게 황화물계, 산화물계, 폴리머 3가지 종류로 나눌 수 있습니다.

이 중에서 기술적으로 가장 앞서가고 있는 분야는 황화물계입니다. 황화물계 전해질은 3가지 종류의 고체 전해질 중 이온전도도가 가장 높다는 특장점을 갖고 있습니다. 여기에 리터당 900Wh 이상의 높은 에너지 밀도로 구현 가능해 전고체배터리 대세 소재로 손꼽힙니다.

그러나 황화물의 단점은 흡습성으로, 산소 등 습기와 접촉을 하면 독성가스인 황화수소를 만든다는 겁니다. 특히 전해질이 다른 물질로 변해 전지의 성능이 퇴화되는 정도인 계면 안전성이 낮은데, 그런 경우 절연체 열화반응, 충·방전 과정에서 발생하는 부피 변화로 성능과 안전성이 떨어질 수 있습니다.

산화물은 안정성 측면에서 황화물보다 뛰어납니다. 또 고온에서 안정적인 성능을 내 충·방전 효율이 높습니다. 그러나 연성이 없어서 전해질과 전극의 접촉이 쉽지 않다는 게 단점입니다. 이 때문에 산화물계 전고체배터리에는 1,000℃ 이상의 고온소결 과정이 필수로 들어가야 합니다. 현재까지 산화물 전고체배터리는 사물인터넷(IoT) 및 소형 전자기기 등 저용량의 전력원으로 이용되고 있습니다.

마지막으로 폴리머계 전해질은 기존 액체 전해질 기술과 유사해 활용도가 높다는 장점이 있습니다. 또 제조공정도 비슷하기 때문에 비용 경쟁력도 갖추고 있죠. 원재료 구하기가 상대적으로 쉬워 대규모 생산에도 적합합니다. 하지만 가장 중요한 요소인 이온전도도가 낮다는 것이 문제입니다. 이론적으로는 상온에서 합리적인 이온전도도를 가진 것으로 보고가 되긴 했는데요, 아직 이를 상용화할 방법을 찾지는 못한 상태입니다.

온도가 높을수록 폴리머계 전해질의 이온전도도 역시 높아지는 것으로 알려졌습니다. 이를 위해 배터리팩에 온도 관리 장치를 부착하는 방법으로 단점을 보완할 수 있긴 합니다. 그러나 이렇게 되면 추가 장치 때문에 열 관리 에너지가 사용되고, 또 이 장치 때문에 에너지 밀도를 높일 기회도 잃게 됩니다.

전고체배터리 연쇄 혁명… 주목받는 리튬메탈 음극재

전고체배터리가 상용화할 경우 배터리 핵심 소재에도 큰 변화가 올 것으로 예상됩니다. 업계에서는 양극재의 경우 기존 리튬이온배터리에 사용되던 삼원계 양극재가 여전히 사용될 것으로 예상하고 있는데요. 음극재의 경우 큰 변화가 생길 것으로 보고 있습니다. 삼원계 양극재란 주로 쓰이는 '리튬코발트산화물(LCO)'을 기본으로 니켈과 다른 원소가 더해져, 양극재에 총 세 가지 원소가 들어가는 배터리를 일컫습니다.

음극재 소재에 따른 배터리 특성

출처: 포스코퓨처엠

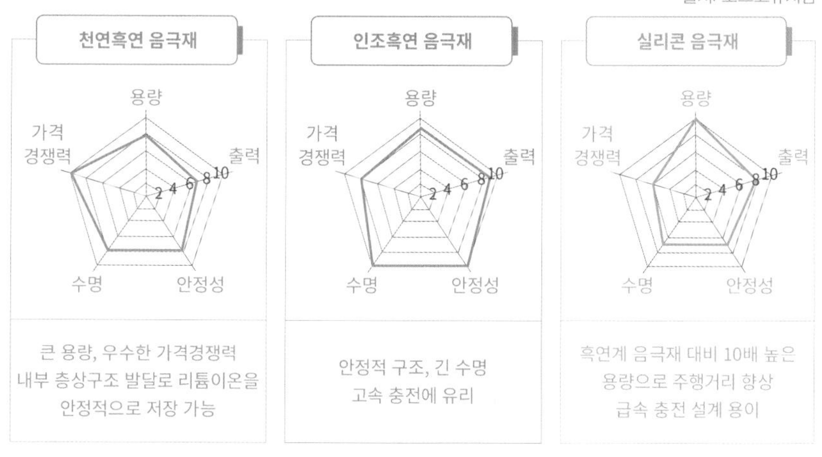

그렇다면 음극재는 어떻게 변할까요. 음극재는 현재 흑연을 소재로 한 제품이 많이 만들어지고 있는데요. 앞으로는 실리콘뿐 아니라 안정성 문제로 적용이 어려웠던 리튬메탈 음극재가 본격적으로 활용될 것으로 기대되고 있습니다.

리튬메탈배터리란 음극재에 흑연도 실리콘도 아닌 '리튬메탈'을 사용한 배터리를 의미합니다. 리튬메탈배터리는 전고체배터리, 리튬황배터리와 함께 차세대 배터리로 주목받고 있습니다. 리튬이온배터리를 대체할 수 있는 성능과 장점이 있기 때문입니다.

리튬메탈배터리는 흑연을 음극재로 사용한 배터리보다 용량이 10배가량 높다고 평가받고 있습니다. 양극재에서 나온 리튬이온을 리튬메탈 음극재가 더 많이 저장할 수 있기 때문인데요. 이러한 특징으로 부피와 크기를 크게 줄일 수 있어 에너지 밀도를 크게 향상시킬 수 있는 것이죠. 이 때문에 리튬메탈은 음극재의 끝판왕이라고 불리기도 합니다.

충전 속도도 더 빠릅니다. 흑연을 음극재로 사용한 리튬이온배터리는 리튬이온이 흑연 구조 사이에 삽입되고, 다시 방출되는 과정에서 에너지가 쓰입니다. 그러나 리튬메탈배터리는 이와 달리 음극재로 이동하는 리튬이온이 바로 리튬메탈과 환원반응을 일으켜 효율성이 뛰어납니다.

리튬메탈배터리는 사실 리튬이온배터리보다 시장에 먼저 등장했지만 안전성 문제 때문에 사용되지 않고 있습니다. 리튬메탈 음극재는 기존 흑연 음극재와 비교해 덴드라이트 현상이 잘 나타나는 것으로 알려져 있습니다. 덴드라이트란 음극 표면에 리튬 결정이 맺혀서 뾰족한 나뭇가지 모양의 결정체로 자라나는 것인데요, 결정체가 커지면 분리막을 훼손해 배터리 성능을 떨어뜨립니다. 충·방전 과정 중 부피가 급격하게 바뀌면 전기적으로 음극과 연결되지 못하는 '데드리튬(Dead Lithium)'을 만들기도 합니다. 이렇게 되면 수명이 짧아지고, 반대로 전류가 급격히 증가해 화재의 원인이 되기도 하는 거죠.

하지만 리튬메탈 음극재 기술개발은 현재 중국이 독점하고 있는 음극재 시장에서 경쟁력을 갖추기 위해서도 중요합니다. 대한무역투자진흥공사

리튬메탈배터리 구조

출처: LG에너지솔루션

리튬이온배터리

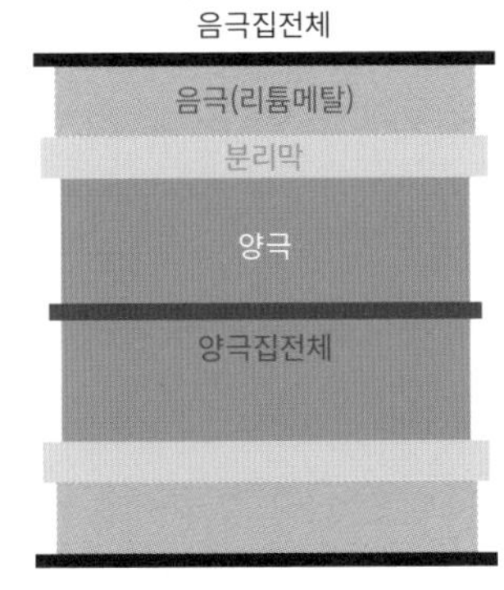

리튬메탈배터리

(KORTA·코트라)에 따르면 2023년 전 세계 음극재 생산량 147만t 중 중국 생산 비중은 96%에 달한 것으로 나타났습니다.

국내 전고체배터리 개발 현황은

LG에너지솔루션, 삼성SDI, SK온 등 국내 배터리 3사는 전고체배터리의 기술적 난제를 해결하고 양산에 성공하기 위해 각자 총력을 기울이고 있습니다. 이 중에서도 삼성SDI가 전고체배터리 개발에 가장 앞선 것으로 알려졌습니다.

삼성SDI는 2024년 인터배터리 행사에서 전고체배터리 양산 로드맵을 공개하며 구체적인 양산 시점을 밝히기도 했습니다. 삼성SDI는 2023년 3월 경기도 수원에 전고체배터리 파일럿 라인인 'S-라인'을 준공하고 컨트롤타워 역할을 하는 'ASB(All Solid Battery)사업화추진팀'을 발족하는 등 전고체배터리 양산을 적극적으로 추진하고 있는데요. 특히 2023년 말에는 프로토타입 샘플 생산을 마치고 이를 3개의 완성차 업체에 공급했습니다.

2023년 삼성SDI가 공개한 전고체배터리 실물 크기 모형.

삼성SDI는 2024년부터 2026년까지 A, B, C 샘플을 공급한 뒤 2027년 양산에 돌입한다는 계획입니다. 삼성SDI는 자체 개발한 무음극 전극과 은-탄소 나노복합층을 바탕으로 전고체배터리 양산을 계획하고 있습니다. 무엇보다 음극을 사용하지 않기 때문에 기존 배터리 대비 상대적으로 얇게 만들 수 있다는 장점도 있습니다.

SK온은 2025년까지 대전 배터리연구원에 전고체배터리 파일럿 라인을 구축하고 2028년 상용화 시제품을 출시할 계획입니다. LG에너지솔루션은 2030년을 전고체배터리(황화물계) 양산 시점으로 잡고 있습니다.

중국 전고체배터리 투자 속도… 정부가 1.1조 투자

정부의 막강한 지원에 힘입어 글로벌 배터리 시장점유율 1위 기업 CATL을 만들어낸 중국 역시도 전고체배터리 개발에 총력을 기울이는 모습입니다. 상용화에 성공만 한다면 배터리 시장 판도를 바꿀 것으로 예상되는 이 기술을 중국 정부와 배터리 업체들도 결코 놓칠 수 없다고 본 것이죠.

실제로 2024년 5월 중국 정부는 전고체배터리 개발 프로젝트에 60억 위안(1조 1,300억 원) 이상을 투자할 계획이라고 밝혔습니다. 6개 중국 기업이 국가 자금을 지원받아 이 기술을 연구할 예정이고요. 배터리 제조업체 CATL, 전기차 업체 니오가 지원하는 위라이언신에너지기술, 세계 최대 전기차 판매 업체이자 배터리 제조업체 비야디(BYD), 자동차 업체 디이자동차(FAW), 상하이자동차(SAIC), 지리가 여기 포함됐습니다.

중국의 개별 기업들은 이미 전고체배터리 개발 계획을 내놓고 상용화에 박차를 가하고 있습니다. 상하이자동차는 2025년 전고체배터리 생산 라인을 구축하고 2026년 양산을 시작해 2027년에 전고체배터리를 장착한 신차를 출시할 것이라는 계획을 내놨고, CATL은 2024년 4월, 오는 2027년에 전고체배터리를 소량 생산할 수 있는 수준에 도달할 것이란 청사진을 공유했습니다.

중국 배터리와 부품, 소재 업체도 전고체배터리 기술개발과 양산 계획을 발표하고 있습니다. 칭다오에너지, 웨이란에너지 등 2개 기업은 이미 반고체배터리 양산을 시작했습니다. 칭다오에너지는 2024년까지 연 생산량이 9Wh 규모인 공장을 증설하고 있으며, 완공되면 전기차 7만 5,000대에 공급할 수 있는 분량의 반고체와 전고체배터리를 생산할 예정입니다. 웨이란에너지는 베이징, 저장성 등 4개 지역에서 각각 100GWh에 달하는 생산기지를 건설하기 시작했습니다.

중국의 전기차 및 배터리 업체들이 전고체배터리 개발에 속도를 내는 이유는 전고체배터리가 시장 판도를 완전히 뒤집을 것으로 예상되기 때문입니다. 중국상업산업연구소의 분석에 따르면 2030년까지 글로벌 전고체배터리 출하량이 614.1GWh로 성장할 것으로 예상된다고 합니다. 2023년 전 세계 전고체배터리 수출 규모가 1GWh 정도였던 점을 감안하면 앞으로 폭발적인 성장이 전망되는 것이죠.

이 때문에 앞으로 전고체배터리 기술 패권을 차지하기 위한 세계 각국의 경쟁이 치열하게 전개될 것으로 보입니다. 아직 전고체배터리 기술은 초기 개발 단계에 머물러 있기 때문인데요. 한국과 일본은 황화물계, 중국은 산화물계, 유럽은 폴리머계에 무게를 두고 연구개발을 진행하고 있습니다.

"원료 저가 양산 기술 확보해야"

꿈의 배터리인 전고체배터리를 상용화하기 위한 가장 큰 걸림돌은 역시 비용입니다. 기술적 난제는 어찌저찌 해결한다 하더라도 원료 구입부터 공정까지 대량생산하기 위한 환경을 만들기 쉽지 않다는 의견이 지배적입니다.

한국전자기술연구원(KETI·케티) 차세대전지연구센터의 조우석 수석연구원은 이에 대해 "핵심 소재인 전고체배터리를 저가화하기 위한 생산 공정 기술 확보와 황화리튬 원료의 저가화 양산 기술의 국산화 기술 확보가 우선시 돼야 한다"고 말했습니다. 조 수석연구원은 세계 전고체 연구의 1인자로 알려진 일본 도쿄공업대학 칸노 료지 교수의 지도를 받은 전고체배터리 전문가입니다.

조 수석연구원은 "황화물 고체 전해질은 수분이 제어된 환경에서 기술개발이 이루어져야 하는데 벤처 및 중소 소재 업체들에게는 다양한 기술 시도를 하기 위한 환경적 제약이 많다"며 "정부 차원에서 기반 연구시설을 구축해 이를 지원하는 게 필요하다"고 했습니다.

물론 현재 우리나라 정부도 전고체배터리의 중요성을 깨닫고 지원 범위를 넓히고 있습니다. 조 수석연구원은 "정부는 전고체배터리 기술개발을 위한 다양한 연구 사업을 지원하고 있으며, 그 규모를 점진적으로 확대하고 있다"며 "대표적으로 기업들의 고체 전해질 소재를 포함하는 핵심 소재 개발 지원을 위한 '전고체배터리용 차세대 소재 개발 및 제조 기반 구축' 사업을 지원해 케티 주관으로 충북 오창에 연구 기반 시설을 구축을 진행하고 있다"고 소개했습니다. 그는 또 "2023년 예비타당성조사를 통과해 2024년 7월부터 초격차 차세대 전지 기술개발로 전고체배터리를 지원하고 있다"고 설명했고요.

전고체배터리의 가격경쟁력을 높이기 위한 전략도 제안했습니다. 조 수석연구원은 "전고체배터리 셀 기술 확보를 위해서는 고가의 장비들이 투입되어야 하는데, 실패의 확률도 높기 때문에 자본력이 풍부한 대기업이 아니면 어려운 부분이 많다"며 "정책적으로 전고체배터리 셀 개발을 위한 거점 연구소를 지정해 다양한 시도가 가능한 집중 투자가 필요하다"고 했습니다.

한편 전고체배터리 기술이 완성되더라도 당분간은 리튬이온배터리가 주로 사용될 것으로 내다봤습니다. 조 수석연구원은 "리튬이온배터리는 높은 수준의 완성도를 확보한 기술이라 모바일 등 다수 영역에서 주로 사용될 것"이라며 "전고체배터리는 전기차 등 특정 분야에 중점적으로 사용될 것이고 충분한 시간을 가지고 소형에서 대형으로의 점진적인 기술개발이 필요하다"고 강조했습니다.

다만 "제한된 배터리팩 공간에 많은 에너지를 넣으려다 보니 안전성이 저하되고 화재 등 사고가 발생하고 있다"며 "기업 리스크 방지를 위해서도 전고체배터리의 가격이 다소 비싸더라도 시장 선호도가 높을 것으로 판단되며, 안전성이 확보된 전고체배터리를 탑재하는 전기차 시장은 크게 성장할 것으로 예측된다"고 분석했습니다.

12

SDV

130년이 넘는 자동차 역사를 돌아보면 언제나 획기적 전환기가 있었습니다. 움직이는 탈것에서 대량생산이 가능한 상품으로, 인간의 이동 범위를 넓혀 준 고마운 동반자로 변화해온 자동차는 바로 지금, 다시 한번 전환기를 맞았습니다. 단순한 이동 수단에서 내가 머물 수 있는 하나의 연속된 공간으로 탈바꿈할 자동차의 미래는 어떻게 달성될까요?

최근 자동차는 매우 스마트해졌습니다. 차에 탑재된 내비게이션은 실시간으로 경로를 파악해 가장 빠른 길을 알려줍니다. 차가 스스로 외부 기상 상태를 확인해 공조를 조절하거나 와이퍼 속도를 조절하기도 하죠. 첨단 운전자보조시스템(ADAS)을 켜면 도로에서는 차선을 감지해 안전하게 주행하도록 돕고, 주차 시에는 차량의 경로를 보여주기도 합니다.

멀기만 하던 미래 자동차가 어느새 우리 곁에 성큼 다가온 듯합니다. 내연기관차에서 전기차로, 사람이 운전하는 차에서 자율주행차로 자동차가 진화하는 것이 느껴집니다. 거센 변화의 물결 속에서 더욱 안전하고 효율적인 차량을 만들기 위한 새로운 패러다임으로 떠오른 것이 있습니다. 바로 '소프트웨어 중심 자동차(SDV·Software Defined Vehicle)'입니다.

미래 모빌리티 핵심 조건, SDV… 전환기 성큼

SDV는 자율주행 등 미래 모빌리티 기술을 구현하기 위해 필수적인 요소입니다. 자율주행은 기존 차량에 적용하던 것보다 훨씬 복잡하고 고도화한 소프트웨어를 통해 구현됩니다. 더욱 안전하고 정확한 미래 모빌리티 기술을 활용하려면 소프트웨어와 하드웨어가 효율적으로 작동하는 구조를 만들어야 하는 것이죠.

미래 모빌리티 기술의 지향점은 자동차를 단순한 이동 수단에서 사람이 머무는 공간으로 바꿀 전망입니다. 탑승자가 차량 안에서 더욱 편안하고 즐거운 이동 경험을 누리기 위해 SDV의 필요성도 커지는 추세입니다. 무선 업데이트를 통해 차를 간편하게 최신 사양으로 유지하고, 인공지능(AI) 비서를 탑재한 인포테인먼트를 활용해 일상을 즐기며, 스마트 기기와의 연결성을 통해 차 안과 밖을 연결하는 삶이 머지 않았다는 이야기입니다.

자동차 설계·제조 '새 시대' 열린다

SDV는 개발 단계부터 기존의 자동차와는 완전히 다른 양상을 보입니다. 말 그대로 소프트웨어를 중심으로 차체(하드웨어)를 설계했기 때문입니다. SDV는 소프트웨어가 가장 잘 작동할 수 있는 구조(Architecture·아키텍처) 위에 고성능 하드웨어와 유연한 소프트웨어가 맞물리는 형태로 만들어집니다. 소프트웨어가 구현하고자 하는 기능에 최적화한 구조로 차를 만들고, 이 소프트웨어가 차체 전반을 통제하는 형태인 셈입니다.

SDV를 구현하기 위해 가장 중요한 구조인 '차세대 전기/전자(E/E) 아키텍처'를 살펴보겠습니다. 차세대 E/E 아키텍처의 가장 큰 특징은 '통합'입니다. 앞서 똑똑해진 자동차 기능을 소개해 드렸는데요, 이를 구현하기 위해 필요한 부품이 바로 전자장치(전장)입니다.

SDV E/E 아키텍처 개념도 및 변화 양상

출처: KPMG삼정경제연구원

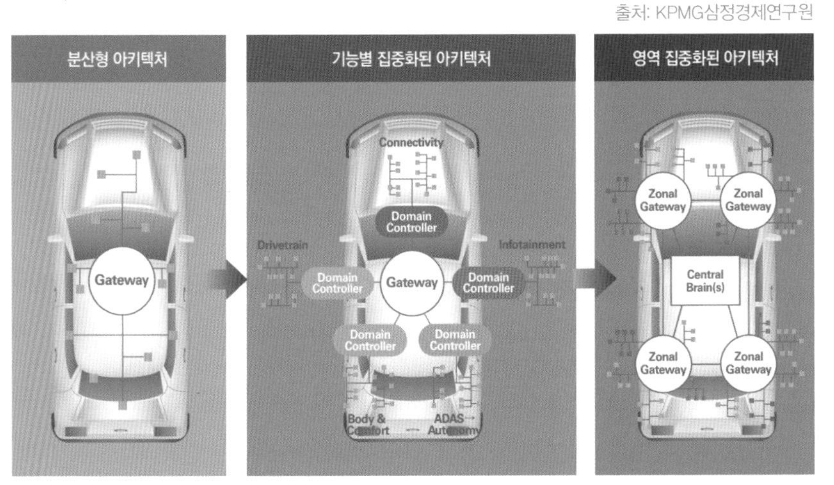

전장 부품은 센서와 전자제어장치(ECU), 액추에이터(제어기)로 구성됩니다. 센서가 운전자의 신호를 감지하면 ECU가 이를 처리해 제어기로 보내 작동하게 만드는 원리입니다. 디지털 디스플레이, 자동 공조 장치, ADAS뿐만 아니라 엔진 제어장치, ABS 브레이크, 헤드라이트까지 100여 개의 전장 부품이 쓰이고 있는데요.

자동차 한 대에 쓰이는 수많은 전장 부품은 통상 각기 다른 제조사에서 만들어져 서로 다른 시스템에 따라 움직입니다. 그러다 보니 다른 부품과 어우러져 작동하려면 복잡한 배선 작업으로 각 부품을 서로 연결해야 하죠. 이런 구조에서는 SDV를 구현하기가 물리적으로 어렵습니다. 하나의 소프트웨어가 100개 넘는 부품을 통제하고, 성능을 고도화하기는 불가능할 테죠.

이런 문제를 해결하기 위한 구조가 바로 차세대 E/E 아키텍처입니다. 차세대 E/E 아키텍처는 수십~수백 개로 쪼개져 있던 ECU를 기능과 물리적 위치 등을 고려해 3~4개로 통합한 형태입니다. 일단 자동차 전장 부품을 연결하는 불필요한 부품들이 줄어들기 때문에 차량 무게가 더욱 가벼워져 연비(전비)가 향상되고, 실내 공간은 넓어지는 효과를 누릴 수 있습니다.

E/E 아키텍처에 쓰인 하나의 ECU는 자기가 담당하는 차량 부품을 책임지고 구동·제어하면 되니 차량을 신속하고 안전하게 구동·제어할 수 있게 됩니다. ECU 개수가 줄어드니 차량의 반응도 더욱 빨라질 테고, 업데이트에 걸리는 시간도 훨씬 절약될 겁니다. 차량용 소프트웨어가 차체(하드웨어)를 더욱 효율적으로 제어할 수 있는 길이 열리는 거죠.

이렇게 하면 SDV의 장점, 즉 소프트웨어 업데이트만으로 차량 성능을 제고하는 방식을 빠르게 활용할 수 있습니다. 해당 부품을 통제하는 ECU만 업데이트하면 되니까요.

차세대 E/E 아키텍처를 기반으로 만든 차체에는 SDV를 구현하기 위한 하드웨어 플랫폼도 필요합니다. 하드웨어 플랫폼은 쉽게 말하면 고성능 컴퓨팅(HPC) 프로세서, 그러니까 최첨단 반도체입니다.

소프트웨어가 잘 돌아가려면 고성능 칩이 필요한 것은 당연하겠죠. 특히 SDV는 자율주행 시대를 대비해야 해 더 똑똑한 반도체가 필요합니다. 센서를 통해 인지한 주행 데이터를 처리해 차량을 제어하기까지 해야 하기 때문입니다. 또 최근 차량 인포테인먼트에 AI를 적용한 곳도 늘어나고 있는 점도 고려해야 합니다. 요새 AI가 점점 똑똑해지고 있는데요, 단순히 "히터 켜줘" 하면 공조를 켜는 정도로는 안 됩니다. "날씨가 추워"라고 말하면 찰떡같이 알아듣고 공조 장치를 켤 수 있는 수준의 성능을 갖춰야 하는 것이죠.

유연하고 똑똑한 소프트웨어를 갖춘 차의 등장

그렇다면 SDV의 핵심경쟁력을 좌우하는 소프트웨어는 어떨까요? SDV를 구현하기 위해 필요한 소프트웨어 요소는 크게 '플랫폼'과 '운영체제(OS)'로 나뉩니다. 한번 샅샅이 훑어보겠습니다.

SDV에는 먼저 유연한 소프트웨어 플랫폼이 필요합니다. 한국산업기술평가관리원은 SDV 소프트웨어 플랫폼을 '서비스에 따라 재구성 가능'한 특징을 가진다고 말합니다. 차를 만들 때는 없었던 서비스나 기능을 언제라도 추가할 수 있고, 더 이상 필요하지 않은 기능은 삭제할 수 있는 유연한 구조를 갖췄다는 의미입니다.

이 위에 차량용 OS를 얹으면 SDV가 비로소 완성됩니다. OS는 SDV 하드웨어와 소프트웨어를 연결하고, 하드웨어가 구동할 수 있는 환경을 만들며, 각 하드웨어에 문제가 없는지 확인하는 역할을 맡는 핵심 요소입니다.

스마트폰에 적용된 OS를 살펴보겠습니다. 안드로이드 또는 iOS를 통해 애플리케이션(앱)을 활용하고, OS를 업데이트하면 휴대전화 성능도 높일 수 있죠. SDV 역시 이런 원리로 움직입니다. OS를 통해 수많은 기능을 활용하고, 자동차의 기능과 성능을 업그레이드 하는 거죠.

차이가 있다면 차량용 OS는 기능에 따라 나뉜다는 겁니다. 크게는 ADAS와 자율주행을 관장하는 시스템 OS, 실내 디스플레이를 통해 활용하는 인포테인먼트 시스템 OS, 공조·시트·통신장비 등 차량 전장 부품을 관장하는 임베디드 소프트웨어 OS로 분류할 수 있습니다. 차량 편의 기능부터 첨단 주행 기능까지 OS에 따라 SDV의 승패가 갈리는 셈입니다.

고속 성장 SDV 시장… 2028년 본격 꽃 핀다

지금까지 SDV의 구성 요소를 살펴봤습니다. 그렇다면 대체 SDV는 언제 타볼 수 있는 걸까요? 당장도 가능합니다. 이미 도로 위를 달리고 있는 SDV가 있습니다. 바로 테슬라의 전기차들입니다.

테슬라는 E/E 아키텍처부터 반도체로 대표되는 하드웨어 플랫폼, 소프트웨어 플랫폼과 OS까지 통으로 개발하는 '풀스택(full-stack)' 방식을 통해 발 빠르게 SDV를 구현해냈습니다. 완전하지는 않아도 SDV의 초기 모델이 이미 우리 곁에 있는 셈이죠. 현재 테슬라는 자율주행기술을 고도화하는 데 집중하고 있습니다.

완성차 제조사도 SDV 시장에 뛰어들기는 마찬가지입니다. 차세대 SDV 전환을 예고하며 자체 OS를 개발하겠다고 나선 완성차 브랜드는 한국 현대자동차그룹(현대차) 독일 폭스바겐그룹, 메르세데스-벤츠, BMW, 미국 제너럴모터스(GM), 일본 토요타그룹과 혼다 등이 있습니다.

자동차 회사들이 예고한 'SDV 전환 시점'은 오는 2026년입니다. 다만 시장은 2026년부터 SDV가 본격적으로 등장하고, 이르면 2028년부터 산업이 개화할 것으로 내다보고 있습니다. 시장조사기관 마켓앤드마켓(Markets

전 세계 SDV 시장규모 현황 및 전망

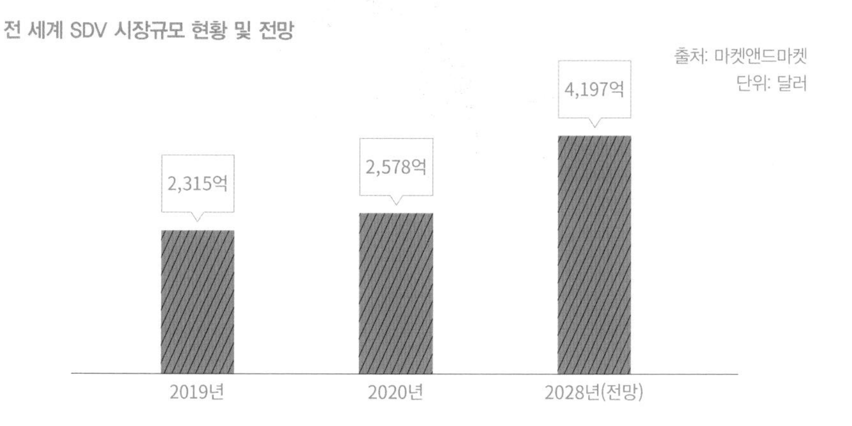

and Markets)에 따르면 전 세계 SDV 시장은 2023년 2,709억 달러(약 354조 원) 규모에서 오는 2028년 4,197억 달러(약 550조 원) 규모로 성장할 전망입니다.

여기에 빅테크 기업까지 가세하면서 시장의 발전 속도가 빨라질 것이라는 예측까지 나옵니다. 글로벌 IT 거물인 구글, 애플, 아마존과 삼성전자, LG전자 등 전자 전문 기업까지 합세하면서입니다. SDV 전환에 필요한 핵심 부품으로 ECU 등 차량용 전장과 차량용 반도체가 꼽히는 만큼 이를 중심으로 한 협력 사례도 늘어나고 있어, 각 브랜드만의 특색 있는 SDV를 만날 수 있는 길이 금세 열릴 것으로 보입니다.

현대·기아 차량에 적용된 삼성 스마트싱스의 예상 이미지(출처: 현대차, 기아).

"주도권, 내가 잡는다"… 완성차 혈투 속 SDV 지형도

완성차업계가 SDV로의 전환에 집중하면서 전 세계 글로벌 브랜드 간의 경쟁도 격화하고 있습니다. 하드웨어보다 소프트웨어가 중심인 시대가 자동차 산업에도 도래했다는 판단에 따라 수조 달러를 쏟아붓고, 전 세계 인재를 끌어모으며 소프트웨어 개발 역량을 갖추기 위해 뜨거운 경쟁이 벌어지는 모양새입니다.

이런 상황에서 분야를 아우르는 합종연횡까지 펼쳐지고 있습니다. 뛰어난 기술력을 확보한 빅테크와 손을 잡고 승기를 잡으려는 기업이 눈에 띄는 가운데, SDV 전환을 발판 삼아 새로운 먹거리를 키우려는 산업 분야의 융합이 활발합니다.

완성차 기업은 각 사 전략에 맞춰 다양한 SDV 전환 전략을 펼치기 시작했습니다. 자체 개발을 통해 SDV 역량을 내재화하겠다고 나선 곳도 있고, IT 기업과 손잡고 소프트웨어 개발 역량을 키우고 있는 곳도 있습니다.

SDV를 구성하는 핵심 요소인 E/E 아키텍처부터 하드웨어·소프트웨어 전체를 아우르는 풀스택 개발에 나선 대표 기업은 현대차입니다. 현대차는

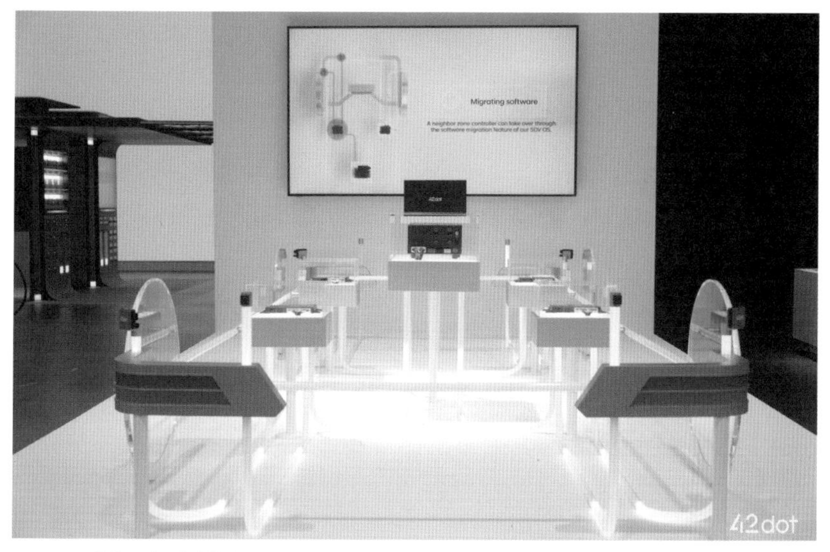

CES 2024에서 포티투닷이 현대차 전략에 맞춰 공개한 SDV E/E 아키텍처(출처: 포티투닷).

2024년 8월 열린 인베스터데이 행사에서 SDV 개발을 향한 구체적 목표를 밝혔는데요.

중앙 집중형 통합 제어기를 적용한 풀스택 SDV를 오는 2026년 하반기 선보일 계획입니다. 현대차·기아 AVP(첨단차플랫폼)본부와 포티투닷(42dot)이 개발한 아키텍처부터, 200TOPs(초당 1조 번 연산) 수준의 연산 능력을 갖춘 반도체까지 탑재한 현대차 고유의 SDV입니다. 현대차는 SDV 페이스카(기술 검증을 위해 소량 생산하는 차량)를 출시해 데이터를 모을 예정입니다. 기아도 2025년 SDV 프로토타입을 내놓고 2026년부터 양산에 돌입하겠다는 청사진을 그렸습니다.

메르세데스-벤츠는 2025년을 목표로 새로운 아키텍처인 MMA와 독자 OS인 'MB.OS'를 고도화하고 있습니다. 특히 차세대 MB.OS는 인포테인먼트와 ADAS, 주행, 배터리 관리 등 SDV 전반을 통합하는 구조를 갖출 전망입니다.

BMW 역시 자사 OS인 차세대 'BMW OS 9'을 기반으로 개발에 나섰습니다. 일찌감치 E/E 아키텍처 도입을 목표로 개발에 나섰으며, OS의 경우 안드로이드를 기반으로 다양한 인포테인먼트를 개발하며 발 빠르게 대응 중입니다. 아마존의 거대언어모델(LLM)인 '알렉사'를 활용한 맞춤형 AI 비서는 OS 9에 탑재돼 고도화 중이며, 차량 내에서 음악, 뉴스, 게임 등 다양한 카테고리의 '서드파티' 앱을 즐길 수 있도록 했습니다.

토요타는 소프트웨어 개발을 담당하는 자회사를 차리고 2025년에 자체 OS인 '아린(Arene)'을 상용화할 예정입니다. 특히 토요타는 아린을 제휴 관계에 있는 업체 및 제조사들에 판매해 추가 수익을 달성하겠다는 비즈니스 모델을 밝혀 눈길을 끌었는데요. 여기에 소프트웨어 개발 키트인 'SDK'까지 마련해 범용성과 확장성을 넓히겠다는 겁니다.

투자하고 손 잡고… 합종연횡 활발

아예 SDV 경쟁력을 갖춘 전기차 기업과 전략적 협력에 나선 완성차 그룹까지 등장했습니다. 폭스바겐그룹은 자체적인 OS를 확보하기 위한 행보에서 나아가 차세대 E/E 아키텍처를 확보하는 것으로 노선을 변경했습니다. 2024년 6월 폭스바겐이 미국 전기차 신생기업 리비안에 2026년까지 50억 달러(약 7조 원)를 투자하겠다고 나선 이유입니다.

신차에 챗GPT 기능을 본격 탑재한 폭스바겐(출처: 폭스바겐).

자금난에 허덕이는 리비안을 구제하는 대신, 리비안의 전기차 아키텍처 및 소프트웨어 플랫폼 등 SDV 전환을 위한 기술력을 이식하기 위한 기반을 만든 것이죠. 사실 폭스바겐그룹은 지난 2020년 소프트웨어 개발 자회사 카리아드를 설립해 폭스바겐·아우디·포르쉐 등 그룹의 통합형 독자 OS 'VW.OS'를 개발해왔습니다. 다만 브랜드와 그룹 전반의 소프트웨어 개발이 난항을 겪으며 새로운 전략에 올라탔다는 분석이 나옵니다.

시작부터 빅테크 기업과 협업해 OS의 기반이 되는 소프트웨어 플랫폼을 발 빠르게 확보한 뒤, 자체 개발 OS에 집중하는 완성차 브랜드도 있습니다. 바로 미국의 제너럴모터스(GM)입니다. GM은 독자 소프트웨어 플랫폼인 '얼티파이(Ultifi)'를 자사 전기차에 탑재한 상태인데, 이 플랫폼의 경우 구글의 안드로이드 오토모티브 OS를 기반으로 만들어졌기 때문에 구글 생태계와도 호환이 가능하다는 장점이 있습니다.

일본 소니와 손을 잡은 혼다도 자사 OS를 직접 개발하되, 전략적 협업을 통한 OS를 개발할 것으로 점쳐집니다. 혼다는 소니와 아예 합작사를 만들어 양산형 전기차를 개발 중입니다. 오는 2026년 미국에서 본격적으로 이를 생산하겠다는 계획인데, 업계는 양사가 선보일 전기차에 자체 소프트웨어 플랫폼과 OS가 탑재될 것으로 내다보고 있습니다. 소니의 센서, 디스플레이, 인포테인먼트 기술력과 혼다의 자율주행 및 안전 소프트웨어 기술력을 통합해 미래 SDV 경쟁력을 확보하겠다는 구상입니다.

자동차와의 공생… '이 산업'이 웃는다

빅테크, 소프트웨어…. 새로운 모빌리티인 SDV 등장을 반기는 산업 분야는 다양합니다. 그중 최근 눈에 띄는 산업군이 바로 반도체입니다.

스마트폰이나 컴퓨터에 탑재하던 반도체보다 차량용 반도체가 훨씬 저사양·저성능이던 과거와 달리, SDV 전환이 앞당겨질 수록 차량에 탑재할 반도체가 점차 고성능으로 진화하는 점을 공략하는 것이죠. SDV 전환을 위해 필수적인 고성능 칩의 단가가 높은 만큼 더 높은 수익성을 확보할 수 있어 반도체업계에게 SDV는 '블루 오션'입니다. 완성차 업체는 SDV 전환에 필수적인 반도체를 안정적으로 공급받기 위해 전략적 협업을 추진하는 분위기입니다.

삼성전자는 최근 8세대 V낸드를 적용한 차량용 솔리드스테이트드라이브(SSD·Solid-State Drive) 제품을 내놨습니다. 메모리 반도체 중에서도 최첨단 수준의 차량용 SSD를 구현해 자율주행 수요에 대응하겠다는 포부를 밝힌 겁니다. 또한 삼성전자는 차량용 반도체 분야에서 포티투닷과 협력하며 전장용 프로세서 '엑시노스 오토'를 공급, 현대차의 차세대 SDV 플랫폼에 장착할 예정입니다.

SK하이닉스 역시 구글과 협력하고 있습니다. SK하이닉스는 구글 자회사인 웨이모에 차량용 고대역폭메모리(HBM)를 공급하는 것으로 알려졌습니다. 2023년에는 '오토모티브 스파이스(Automotive SPICE) 레벨2' 인증을 획득하며 꾸준히 기술력을 확보해나가고 있습니다.

자동차 반도체 업계 1위로 꼽히는 NXP는 고성능 반도체를 꾸준히 내놓고 있습니다. 2024년 4월에는 차량용 통합 프로세서 제품군인 S32N의 첫 번째 디바이스 'S32N55 프로세서'를 출시했습니다.

"신 모빌리티 시대, SDV 전환 열쇠는 AI·안전"

"미래 자동차산업의 판이 SDV로 넘어가고 있습니다. 차량의 상품성을 소프트웨어가 결정하는 가운데, AI가 인포테인먼트를 넘어 안전과 주행까지 관장하는 시대가 열릴 것으로 보입니다."

이호근 대덕대 미래자동차학과 교수가 자동차산업의 미래 발전상을 이같이 전망했습니다. SDV 시대에는 차량의 상품경쟁력을 소프트웨어가 결정하는 시대가 열릴 것이라는 예측을 내놓은 것입니다.

SDV는 차량의 범주를 크게 넓혔다는 평가를 받고 있습니다. 특히 이 교수는 최근 완성차 기업들이 생성형 AI를 속속 탑재하면서, 상상 속 '소통하는 자동차'가 등장할 날도 머지않았다는 예측에 동의했습니다.

이런 미래는 2024년 초 열린 CES 2024에서 구체화했습니다. 주요 글로벌 완성차 기업이 일제히 '미래기술'로 생성형 AI를 탑재한 인포테인먼트 서비스를 내놓은 것입니다. 폭스바겐은 챗GPT를, BMW는 아마존 알렉사를 각각 차량에 이식하며 새로운 SDV 서비스의 비전을 제시했습니다. 메르세데스-벤츠도 생성형 AI를 탑재한 OS를 선보이며 눈길을 끌었지요. 이에 현대차·기아도 AI 서비스를 발 빠르게 도입한 상태입니다. 기아는 2024년 출시한 소형 전기 스포츠유틸리티차(SUV) EV3에 기아 AI 어시스턴트 서비스를 탑재했습니다.

이 교수는 SDV 시대에는 인포테인먼트를 넘어 차량 안전에도 AI가 도입될 것으로 예상합니다. 그는 "전기차의 경우 차량 내부에서 발생하는 전류값, 배터리 온도 등 각종 데이터를 다 모아 AI가 학습하고 화재 위험성이 높은 상황인지 아닌지를 찾을 수 있다"며 "빅데이터와 AI를 결합해 주행 중 최적의 상황을 찾거나 안전에 도움을 주는 부분이 강조될 것"이라고 말했습니다.

차량의 미래가 빠르게 변화하는 상황에서 해결해야 할 과제로는 '보안'이 꼽힙니다. 이 교수는 "SDV 시대에는 무엇보다 차량 보안에 대한 요구가 커지고 있다"고 했습니다. SDV로 인해 자율주행이 보편화하고, 차량이 소프트웨어를 중심으로 움직이는 시대인 만큼 해킹으로부터 차를 지키는 것이 탑승자 안전을 확보할 수 있는 방법이라는 것입니다.

또한 이 교수는 차량의 보안과 안전을 확보하기 위해서는 인포테인먼트 등과 OS를 분리하는 기술이 필요하다고도 했습니다. AI가 확대될 경우 주행 중 발생하는 '딜레마' 상황을 대처할 기술표준이 없다는 것이 대표적 이유입니다. 예를 들어 차량 브레이크가 고장 나 소프트웨어가 이를 인지했을 때, 행인 1명과 동물이 각기 다른 방향으로 지나고 있다면 AI가 어느 방향으로 차량을 인도할 것인지의 문제가 발생하는 것이죠.

따라서 이 교수는 SDV 개발 과정에서 완성차 제조사의 보수적이고 철저한 접근이 필요하다고 말했습니다. 그는 "보안과 (소프트웨어) 개발을 동시에 해야 한다"며 "완성차 제조사가 연간 수백만 대의 차량을 판매하는데, 이 중 단 한 대라도 문제에 노출되는 것은 사람의 생명을 위협하는 것이기 때문에 보수적이고 신중한 접근이 필요하다"고 했습니다. 또한 "안전 운전, 안전 주행을 저해하지 않는 선에서 SDV가 개발돼야 한다"며 차량용 AI를 위한 가이드라인 마련 등의 필요성을 제시했습니다.

13

친환경선박

덴마크 선사 머스크(Maersk)의 메탄올 연료 추진 컨테이너선(출처: 머스크).

국제해사기구(IMO)를 비롯해 해운업에 대한 환경규제가 한층 강화되면서 탄소 배출을 줄이기 위한 선박 기술 혁신이 가속화되고 있습니다. 대체 연료와 관련된 다양한 신기술이 잇따라 도입되고 있으며 글로벌 선사들의 발주량도 급증하는 추세입니다. 이는 국내 조선사들이 글로벌 금융위기 이후 모처럼 호황기를 맞은 배경이기도 합니다.

해운업계는 전 세계 탄소 배출의 약 2~3%를 차지하고 있습니다. 대부분의 해운 선박은 화석연료, 특히 중유를 사용해 이산화탄소, 질소산화물, 황산화물 등 유해 가스가 배출됩니다.

IMO는 2023년 7월 열린 제80차 해양환경보호위원회(MEPC)에서 2008년 대비 해운업 탄소 배출량을 50% 저감하는 기존 목표를 '넷제로(Net

Zero)'로 강화했습니다.

유럽연합(EU)도 2024년부터 해운업을 탄소 배출권 거래 제도(EU-ETS)에 포함하고, 2025년부터는 해상 연료의 친환경 전환을 위한 해운 연료 규제(Fuel EU Maritime Initiative)를 도입할 예정입니다.

이는 EU를 거치는 선박에 대해서는 탄소 배출량만큼 비용을 부과하겠단 의미입니다. EU는 2030년까지 온실가스 배출을 1990년 대비 55% 감축하겠다는 '핏포55(Fit for 55)'를 발표하면서 EU-ETS 대상 산업군에 해운업도 포함했습니다. 이와 더불어 친환경선박 연료 수요를 자극하기 위해 EU 항만에 기항하는 선박은 온실가스 집약도 기준치를 초과하는 연료에 대해서는 벌금을 매기기로 했습니다.

아직은 LNG 주도, 메탄올과 암모니아 주목

한국선급의 자체 분석에 따르면 선박용 중유를 비롯한 대부분 화석연료가 2025년부터 벌금을 내야 할 것으로 추정됩니다. 액화천연가스(LNG)는 2029년까지 벌금 없이 운항할 수 있을 것으로 예측되지만, 기준치는 계속 강화될 예정인 만큼 장기적으로는 친환경 연료 사용이 불가피할 것으로 보입니다. 이에 따라 글로벌 선사들은 기존 화석연료에서 벗어나 LNG, 메탄올, 암모니아 등 친환경 연료를 사용하는 선박 기술개발에 집중하고 있습니다. 조선·해운업의 탈탄소가 친환경선박 제조 기술과 친환경 연료 공급에 달린 것입니다.

글로벌 해운사들의 친환경선박 발주가 봇물을 이루는 이유입니다. 클락슨리서치에 따르면 2014년 전체 발주 선박의 10% 내외였던 대체 연료 선박의 발주 비율은 10년 만인 2024년 50% 수준으로 약 5배 증가했습니다. 앞으로도 친환경선박 발주는 배출 규제가 향상됨에 따라 지속적으로 확대될 전망입니다.

현재 글로벌 해운업계에서 가장 널리 사용되는 친환경 연료는 LNG입니다. LNG는 이미 널리 사용 중인 연료이기 때문에 메탄올, 암모니아 등 대체 연료와 비교하면 기존 인프라를 활용할 수 있어 경제성이 높기 때문입니다. LNG는 기존 화석연료 대비 탄소 배출량을 20~30% 줄일 수 있다는 장점이 있습니다. 또 기존 선박 연료인 벙커C유와 비교해 황산화물 배출이 거의 없고, 질소산화물 배출을 85%, 온실가스 배출을 25% 이상 절감할 수 있습니다. 다만 메탄올, 암모니아 등과 비교하면 탄소 배출량을 획기적으로 줄이지는 못해 2050년 넷제로 이행 과정의 과도기적 연료 정도로 취급되고 있습니다. 현재까지는 우수한 벙커링 인프라와 관련 시장이 형성된 덕분에 가장 주목받고 있습니다.

실제 한국해양진흥공사에 따르면 친환경선박 발주 10개 선사가 발주한 446척 중 64.8%가 LNG 추진선으로 나타났습니다. 특히 세계 최대 해운사로, 친환경선박을 주도하는 MSC는 LNG 추진선만 채택해 친환경선박 발주를 주도하고 있으며, 이러한 발주량은 향후 해운업의 주요 축을 형성할 것으로 보입니다.

LNG가 현재 대세로 자리 잡았지만 메탄올과 암모니아 같은 대체 연료들도 주목받고 있습니다. 메탄올은 석유화학산업에서 중간재로 사용되며 기존 인프라를 이용할 수 있어 경제성이 높고 친환경 연료로서의 가능성이 큽니다. 메탄올 사용 시 기존 선박유 대비 황산화물은 99%, 질소산화물은 80%, 온실가스는 30%까지 줄일 수 있습니다.

글로벌 선사인 머스크는 2040년까지 탄소중립을 실현하겠다는 목표를 세우고 그 첫 단계로 메탄올 추진선 도입을 발표했습니다. 이에 HD한국조선해양은 2023년 7월 세계 첫 2,100TEU급 메탄올 추진 컨테이너선인

친환경 연료별 특성 비교

출처: 수출입은행 해외경제연구소

구분	LNG	메탄올	암모니아
미래 연료	바이오LNG, e-LNG	그린메탄올	그린·블루암모니아
온실가스 저감률	약 80% 예상	100%	90~95%(파일럿 연료 감안 시)
장점	• LNG 연료 운영 경험 풍부 • 기존 LNG 인프라 활용	• 상온 액화로 취급 용이 • 기존 선 개조 비용 합리적 • 독성 낮음	• 탄소 미함유 연료 • 수소 대비 보관, 운송 용이
문제점	• 메탄 슬립(누출) • 바이오LNG 생산 한계	• 충분한 공급 어려움 예상 • 높은 생산 비용	• 강한 독성 • 미상용화
문제점 대응 현황	• 메탄 슬립 방지 기술개발	• 전략적 투자 및 생산 협력 네트워크 구성	• 독성 대응 연구 • 2025 엔진 상용화 예상
경제성	• 바이오LNG 경제성 높음	• 3개 연료 중 가장 낮음	• 블루암모니아는 비교적 경제성 높을 전망
업계 활용도	• CMACGM, MSC 등 바이오, e-LNG 혼합 사용 중	• 대형 컨테이너선 중심 선박 발주 진행	• 조선사 설계 인증 진행 중 • 다수 실증 프로젝트 진행 중

'로라머스크호'를 완성해 발주사인 덴마크 AP몰러-머스크에 인도했으며, 2024년 1월에는 1만 6,200TEU급 메탄올 추진 초대형 컨테이너선 '아네머스크호'를 세계 최초로 인도한 바 있습니다.

다만 그린메탄올은 바이오가스나 바이오매스 등에서 소량으로만 얻을 수 있어 생산량을 높일 획기적인 아이디어가 필요합니다. 그린메탄올은 화석연료 기반 메탄올과 달리 재생 가능한 전력으로 생성된 전력으로 만들어지기 때문에 탄소중립적입니다. 바이오매스를 원료로 생산하거나 재생에너지로 생산된 수소와 공기 중에서 포집된 이산화탄소를 결합해 합성하는 합성 메탄올이 있습니다. 해운업뿐만 아니라 다양한 산업에서도 활용 가능해 넷제로로 가기 위해 주요 연료로 고려되고 있습니다.

암모니아는 향후 해운업계의 탄소중립을 위한 핵심 연료로 자리 잡을 가능성이 높습니다. 국제에너지기구(IEA)는 암모니아 연료가 2030년에는 해운업 연료의 8%, 2050년에는 46%를 차지할 것으로 전망하고 있습니다. 암모니아는 탄소와 황을 포함하지 않아 연소 과정에서 이산화탄소와 황산화물을 거의 배출하지 않습니다. 다만 독성 문제로 말미암아 누출 위험에 따른 안전성 문제와 폭발 가능성 등의 문제를 해결해야 합니다. 엄격한 설계와 관리가 요구되고 있으며, 조선사들은 설계 인증 및 다수 실증 프로젝트를 진행 중입니다. 암모니아의 독성 문제는 기술개발로 상당 부분 해결 가능할 것으로 기대하고 있습니다. 2024년 첫 상업용 엔진을 인도했고, 2025~2026년 상업용 암모니아 추진 선박이 출시될 예정입니다. 이미 초대형 암모니아 운반선(VLAC)은 2023년에만 25척 발주됐습니다. 증권가에서는 2035년까지 200척 규모의 암모니아 운반선 발주가 이어질 수 있다고 내다보고 있습니다.

수소·이산화탄소 운반선 발주도 이어져

친환경선박에 대한 관심은 추진선뿐만 아니라 운반선(Cargo Ship)으로도 이어지고 있습니다. 최근 해운업계에서는 수소 및 이산화탄소 운반선 발주가 증가하고 있는데, 이는 탄소중립 목표를 달성하고 친환경 에너지원 및 탄소 포집·저장(CCS·Carbon Capture and Storage) 기술이 발전하면서 수요가 커지고 있기 때문입니다. 이 두 가지 물질의 운송은 향후 에너지 전환과 기후변화 대응에 중요한 역할을 할 것으로 기대됩니다.

그 예로 암모니아 운반선이 대표적입니다. 질소(N)와 수소(H)가 화합된 암모니아(NH_3)는 상온·상압에서 액체 상태를 유지하기 때문에 수소를 액체로 변환해 운송하는 것에 비해 안정적이고 경제성이 높아 그 자체로 효율적인 수소의 운반수단이 될 것으로 기대됩니다. 암모니아는 약 영하 33℃

한화오션의 암모니아 가스터빈 추진 LNG 운반선 조감도(출처: 한화오션).

로 냉각하면 액체 상태로 변하고, 액화암모니아는 상대적으로 낮은 압력(약 10bar(바))에서 안정적으로 저장할 수 있습니다. 기존의 LNG와 같은 연료 운반선과 비슷한 방식으로 운송할 수 있어 상대적으로 인프라 전환도 용이해 최근 발주가 증가하고 있습니다. 이를 위해 냉각 및 압력 조절 시스템이 필요하고 안전성을 위해 누출 감지 센서, 비상 대응 시스템, 보호 장비 등도 필요합니다.

또 수소를 영하 253℃로 냉각해 액체 상태로 변환해 운송하는 방식은 대량의 수소를 효율적으로 운반할 수 있어 부상하는 기술입니다. 액체수소는 기체일 때보다 부피는 800분의 1로 줄고 운송 효율은 10배 이상 높아 저장과 운송에 유리합니다. 한국선급에 따르면 2050년까지 건조될 액화수소 운반선이 200여 척에 이를 것으로 전망됩니다.

다만 액체수소를 운송하려면 극저온 저장 기술과 고비용 설비가 필요합니다. 이처럼 수소를 액화해 운반하는 경우 극저온 상태에서 저장 및 운송해야 하므로 선박 설계에 특별한 기술이 요구됩니다. 또 수소는 폭발성이 강한 물질이기 때문에 안전한 운송을 위한 엄격한 규제와 안전관리가 필수입니다. 이를 위해 이중 격벽이나 고급 센서 시스템도 도입될 수 있습니다.

CCS 프로젝트가 이어지며 이산화탄소 운반선도 발주가 이어지고 있습니다. CCS는 산업 공정에서 배출되는 이산화탄소를 대기 중으로 배출하는 대신 포집해 지하 저장소에 안전하게 저장하는 기술입니다. CCS 분야 연구기관인 글로벌CCS연구소(Global CCS Institute)에 따르면 전 세계적으로 탈탄소 정책이 가속화됨에 따라 CCS 시장은 매년 30% 이상 성장, 2050년에는 전 세계 탄소 포집량이 76억t(톤)에 육박할 것으로 예상됩니다.

이에 따라 포집한 이산화탄소를 해상 운송하는 데 핵심적 역할을 담당할 '액화이산화탄소(LCO_2)' 수요도 증가할 것으로 전망됩니다. 이산화탄소는 압축하고 냉각해 액체 형태로 변환한 후 운송합니다. 일반적으로 영하 50℃ 이하, 약 7bar 정도의 압력이 필요해 특수 저장 탱크와 냉각 시스템이 선박에 장착됩니다.

삼성중공업이 거제조선소에 구축한 암모니아 실증 설비 전경(출처: 삼성중공업).

한국 조선사들, 고부가가치 선박 전략으로 세계시장 선도

한국 조선업계는 고부가가치 선박에 집중하는 전략을 통해 글로벌시장에서 다시 한번 주목받고 있습니다. 코로나19 팬데믹 이후 증가한 친환경선박 수요와 IMO의 강화된 환경규제에 대응하며 기술력을 기반으로 한 고부가가치 선박 수주에 성공적인 성과를 거두고 있는 건데요.

조선사들은 단순한 대량생산에서 벗어나 기술 집약적이고 고도화된 선박 건조로 눈을 돌리고 있고, 한국의 조선업체들은 LNG, 메탄올, 암모니아 같은 친환경 연료를 사용하는 선박 개발에서 두각을 나타내고 있습니다.

산업통상자원부에 따르면 2024년 1분기 우리나라 조선사들은 분기 기준 3년 만에 중국을 제치고 선박 수주 1위를 탈환했습니다. LNG선·암모니아선 같은 친환경·고부가가치 선박을 한국 조선사가 100% 수주한 덕입니다.

국내 조선 3사인 HD현대중공업·삼성중공업·한화오션은 선박 수주 잔량 기준으로 나란히 세계 1~3위에 올랐고, 이들은 2011년 이후 13년 만에 처음으로 연간 기준 동시 흑자를 달성했습니다.

HD현대중공업이 건조해 2020년 인도한 17만m³급 LNG-FSRU(출처: HD현대중공업).

2010년대 중반 이후 해양 플랜트 부문에서 막대한 손실을 보고 적자 늪에 빠졌던 한국 조선사들이 업황 회복과 민·관 협업을 통해 고가의 친환경 선박 수주에 나선 덕에 부활의 뱃고동을 울리고 있는 겁니다.

2008년 글로벌 금융위기 이후 장기 불황을 겪었던 한국 조선사들의 턴어라운드는 2020년 이후 IMO의 환경규제가 기회가 됐습니다. 2022년엔 고부가가치·친환경선박 부문에서 시장점유율 1위를 달성, 전 세계 발주량 2,079만 CGT(270척) 중 58%에 해당하는 1,198만 CGT(149척)를, 친환경 선박에서도 우리나라는 전 세계 발주량 2,606만 CGT 중 50%인 1,312만 CGT를 수주하여 전 세계 수주량 1위를 달성했습니다.

이는 고강도 구조조정 속에서도 연구개발(R&D)에 투자를 이어간 덕분입니다. 현재 HD한국조선해양은 신재생에너지를 접목한 고부가가치선박 및 해양 설비 중심으로 연구개발을 추진 중입니다. 2023년에는 독일 HD유럽

삼성중공업 LNG 운반선(출처: 삼성중공업).

연구센터를 중심으로 향후 5년간 1,500만 유로(약 221억 원)를 투자해 차세대 선박 연구를 진행하겠다고 밝힌 바 있습니다. 삼성중공업은 거제·판교·대덕 R&D센터에서 액화수소 추진 선박, 연료 공급 시스템 등 친환경 에너지 연구를 중점적으로 진행하고 있습니다. 한화오션도 서울과 거제·시흥에 중앙연구원과 특수선사업부를 두고 친환경 및 스마트 기술개발에 힘을 쏟고 있습니다.

이 외에도 한국 조선사들은 수직계열화를 통해 기술개발 속도를 더욱 높이고 있습니다. HD현대중공업은 별도의 엔진사업부를 운영하며 친환경 엔진 기술을 독자적으로 개발하고 있으며, 한화오션은 HSD엔진을 인수해 엔진 제조 부문을 강화하고 있습니다. 이를 통해 중국의 저가 공세에 맞서 기술적인 차별화를 이루고 있으며, 고부가가치선박을 중심으로 경쟁력을 유지하고 있습니다. 중국 조선사들은 짧은 인도 시기와 낮은 가격을 앞세워 시장점유율을 확대하고 있지만, 고도화된 기술이 필요한 친환경선박에서는 한국이 여전히 우위를 점하고 있습니다. 특히 LNG, 메탄올, 암모니아와 같은 연료를 사용하는 이중 연료 추진선 분야에서 한국 조선사들은 독보적인 기술력을 바탕으로 시장을 주도하고 있습니다.

이 같은 노력의 결과 미국 휴스턴에서 열린 세계 최대 친환경선박·에너지 전시회인 '가스텍(Gastech Exhibition & Conference) 2024'에서 독보적인 친환경선박·에너지 기술을 앞세운 한국 조선사들의 약진이 주목받기도 했습니다. HD현대중공업, 삼성중공업, 한화오션 등 국내 빅 3사는 다수의 국제 인증기관으로부터 기술을 인증을 받았습니다.

업계 관계자는 "중국이 컨테이너선의 대부분을 수주하며 세계 1위로 올라선 상황에서 친환경 기술력을 입증하기 위한 한국 조선업계의 노력이 이어지고 있다"며 "아직 수소나 암모니아 등 주요 친환경 연료 핵심기술을 선점한 회사가 없어 발 빠른 기술 인증을 통해 유리한 고지를 점하고 있다"라고 말했습니다.

그러나 중국의 추격도 못지않습니다. 사실상 수주를 독식하는 컨테이너선뿐 아니라 최근엔 친환경선박 시장에서도 존재감을 키워나가는 중입니다. 중국 조선업계도 정부의 지원을 앞세워 고부가가치선박 수주에도 적극적으로 나서고 있습니다. 중국 정부는 오는 2025년까지 전 세계 친환경선박의 50% 이상을 생산하겠다는 목표를 담은 '친환경선박 시장 선점 전략'을 내놓기도 했습니다.

아직 첨단 솔루션과 시스템이 장착된 선박, 선대 확보, 고효율 경제성을 담보할 수 있는 건조 능력 측면에서 한국 조선사들이 중국을 크게 앞서고 있습니다. 이에 기술 초격차를 벌여나가기 위한 정부와 민간의 노력이 이어져야 한다고 전문가들은 지적합니다. 양종서 한국수출입은행 해외경제연구소 수석연구원은 "기술력에서 중국과의 격차를 더 확대해 친환경선박 등 고부가가치선박 시장에서 우위를 지켜나가야 한다"고 말했습니다.

해운업 2050 탄소중립, 도전적이지만 충분히 달성 가능

- **성영재** HD한국조선해양 탈탄소선박연구랩 상무 -

IMO는 최근 해양환경보호위원회(MEPC) 80차에서 탄소 배출 규제 목표를 육상의 규제에 맞춰 수정한 바가 있습니다. 2050년의 선박에서의 온실가스 배출 규제가 2008년 대비 50% 수준으로의 절감 목표에서 넷제로로 바뀌게 된다는 의미입니다. 1%와 제로(0) 공학적으로 매우 큰 차이입니다. 이러한 목표 변경은 해운산업의 비즈니스 모델 목표치를 완전히 재정립해야 하는 수준에 이르게 되는 큰 사건이라고 볼 수 있습니다.

이 같은 IMO의 2050 탄소중립 목표는 도전적이지만 충분히 달성 가능하다고 생각합니다. 해운업에서 넷제로를 달성하기 위해서는 탄소 배출 절감 기술의 도입이 핵심입니다. 이를 위한 세부 과제로는 △ 대체 연료 개발 및 상용화(수소, 암모니아, 메탄올) △ 선박 효율성 개선을 위한 기술개발(공기 윤활 시스템, 풍력 보조 추진 등) △ 이산화탄소 포집 기술 도입 △ 전 세계적 배출 규제 강화 및 규제 이행을 위한 인프라 구축 △ 항만의 친환경 인프라 조성 및 전력 기반화 등으로 요약할 수 있습니다.

이에 기반해 현재 상황을 진단해 보면 다음과 같습니다. LNG 추진선과 같은 저탄소 선박 기술은 이미 상용화됐으며 수소, 암모니아 등의 무탄소 연료 기술개발도 활발히 진행되고 있습니다. 다만 전 세계적인 상용화 여부와 인프라 구축 속도에 따라 달성 여부가 좌우될 것으로 보입니다.

LNG 가스선의 경우 HD한국조선해양은 독자적인 재액화 시스템 개발에 성공해 실제 선박에 적용하고 있으며, 이는 대기 중으로 방출되는 천연가스의 양을 획기적으로 절감할 수 있는 매우 중요한 기술입니다. 더불어 향후 차세대 추진 연료로 고려되고 있는 암모니아 추진 시스템에 대한 독자 모델을 개발해 선박 적용을 앞두고 있습니다. 최근에는 세계에서 가장 영향력 있는 가스 전시회인 '가스텍'에서 넷제로 시대에 대응하기 위한 차세대 친환경선박의 기본 모델을 소개했으며, 이에 이어 무탄소 연료 추진 시스템을 기반으로 한 가스선 기본 설계 인증도 추진하고 있습니다.

또 한국은 우수한 친환경선박 제조 기술을 바탕으로 기술이 주도하는 미래 조선산업을 선도할 것으로 기대됩니다. 한국은 이미 친환경 기술에서 경쟁 우위를 점하고 있으며, LNG, 암모니아 등 대체 연료 선박 건조에 강점을 가지고 있습니다. 한국의 기술이 우수한 이유는 고도화된 조선산업 인프라와 R&D 투자, 그리고 기술혁신에 있습니다. 한국은 세계 최대 조선사들이 모여 있으며, 특히 대형 LNG, LPG, 메탄올 추진 선박 등 친환경 연료 기반 선박의 설계와 건조에 강점을 가지고 있습니다. 또한 정부의 정책적 지원과 민간기업의 지속적인 기술개발 투자가 친환경선박 기술의 발전을 이끌고 있습니다.

한국이 지금처럼 글로벌 조선업의 패러다임 전환을 주도해나간다면 초격차 기술을 바탕으로 경쟁국들과의 경쟁 구도에서 확실한 우위를 점할 수 있을 것이라고 생각합니다. 이를 위해 기술개발 지원을 위한 R&D 투자 확대와 세제 혜택이 필요하며, 글로벌 기준에 부합하는 법적, 제도적 인프라 구축(배출 규제, 대체 연료 사용 촉진)을 추진해야 합니다. 또 국제 협력을 통한 탄소중립 정책 조정 및 기술 공유가 필요합니다. 친환경 연료의 사용을 촉진하기 위해서는 항만 인프라와 대체 연료 공급망 확충을 위한 정책적 지원도 필요합니다.

14

미래항공모빌리티

미국 NASA의 AAM 구현도(출처: NASA).

공상과학(SF) 소설이나 영화에서 미래를 상상할 때 단골손님으로 등장했던 날아다니는 자동차는 그리 머지않은 미래에 현실이 될 것으로 보입니다. 버스·택시·지하철 등 기존 2차원 기반의 도로교통을 확장시키고, 인구 과밀화로 인한 교통혼잡뿐 아니라 대기오염 등 문제도 해결해줄 것으로 기대되는 미래항공모빌리티(AAM·Advanced Air Mobility)산업이 무엇인지 알아보고, 시장 선점을 위해 기업들이 어떻게 치열한 경쟁에 나서고 있는지 살펴보겠습니다.

서울~인천국제공항 20분 만에, 교통난 해결할 열쇠

도심을 나는 미래 항공교통산업은 흔히 '에어택시'로 잘 알려져 있습니다.

기체가 도심을 날아다니며 사람이나 화물을 운송하는 '도심 속 항공교통(UAM·Urban Air Mobility)'의 개념으로 시작한 산업은 도심과 도심을 연결하며 더 먼 거리를 비행할 수 있는 '지역 간 항공교통(RAM·Regional Air Mobility)'의 개념으로까지 확장하게 됐습니다. 이러한 UAM과 RAM을 모두 합친 상위 개념이 바로 AAM입니다.

AAM이 미래기술로서 주목받는 건 전 세계적으로 빠르게 진행되고 있는 도시화로 인한 문제를 해결해줄 수 있는 핵심기술이기 때문입니다. 국제연합(UN)에 따르면 전 세계 도시화율(도시 거주 인구 비중)은 2018년 55.3%에서 2050년에는 68%를 넘어설 것으로 전망되고 있습니다.

도시화가 이뤄질수록 대도시의 교통혼잡과 체증 문제는 더 심해질 수밖에 없습니다. 지하철이나 버스 등 교통망을 확대하려는 노력도 있지만, 도시의 경우 이미 대부분의 지상·지하 교통 인프라는 포화 상태로 한계가 있는 상황입니다. 2022년 기준 우리나라의 대도시권 출퇴근 평균 통행 시간은 하루 약 116분으로, 매일 2시간가량을 출근과 퇴근에 사용하는 것으로 나타났습니다. 교통혼잡에 따른 비용도 막심합니다. 우리나라의 경우 교통혼잡으로 발생하는 다양한 형태의 손실을 돈으로 환산하면 57조 6,400억 원(2020년 기준) 수준이라고 합니다. 매년 국내총생산(GDP)의 2.97%가 낭비되고 있는 것입니다.

이처럼 현재의 도시 교통망의 한계를 극복하고, 교통혼잡을 해결할 수 있는 기술로 AAM이 전 세계적인 기대를 받고 있습니다. 수직이착륙이 가능해 활주로 등 큰 공간이 필요하지 않고, 도시 위 하늘이라는 새로운 공간을 활용해 출퇴근 등 이동시간을 획기적으로 줄일 수 있습니다. 서울에서 인천국제공항까지 승용차로 1시간이 걸리는 거리를 에어택시를 타면 단 20여 분만에 이동할 수 있게 됩니다.

AAM은 도시화로 인한 환경오염 문제도 해결할 중요한 열쇠로 주목받고 있습니다. 전기 동력을 활용하는 수직이착륙기(eVTOL)가 비행체로 사용되기 때문에 배출가스가 없어 화석연료를 사용하는 기존 대중교통수단보다 친환경적이라는 장점이 있습니다. 소음 역시 60db(데시벨) 정도로 일상 대화 수준까지 낮아졌습니다.

도심 교통난과 환경오염, 소음 공해 등의 문제를 해소할 수 있는 친환경 차세대 이동 수단으로서 AAM에 대한 기대가 커지면서 앞으로 글로벌 AAM 시장 역시 빠른 속도로 커질 것으로 예상됩니다. 미국 투자회사 모건스탠리(Morgan Stanley)에 따르면 AAM 시장규모는 상업화 초기인 2030년 3,200억달러(약 420조 원)에서 2040년에는 1조 5,000억 달러(약 2,000조 원)까지 커질 것으로 추산했습니다. AAM을 이용하는 승객 수는 2040년 1억 명을 넘어 2050년에는 4억 4,500만 명까지 급증할 것으로 예상되고 있습니다. 서울의 이용객 수는 1,550만 명으로 전망됩니다.

글로벌 기업들, 시험비행 속도 내 상용화 '성큼'

AAM은 하늘을 나는 기체뿐만 아니라 기체들이 하늘길을 안전하게 운항할 수 있도록 교통관리를 하는 관제 시스템, 통신 시스템, 이착륙 시설 등 모든 생태계를 포괄하는 개념입니다. 스타트업을 중심으로 많은 기체 제작업체들이 초기 AAM 개발에 뛰어들고 있습니다.

현재 전 세계 1위 AAM 기체 제조업체는 미국의 스타트업 조비에비에이션(Joby Aviation·조비)입니다. 조비는 2009년 창업한 스타트업으로, AAM 기체 생산과 테스트 시설까지 모두 갖춘 기업입니다. 지난 2020년에는 우버의 UAM 사업 자회사인 우버엘리베이트를 인수해 덩치를 키웠습니다.

조비는 2024년 초 5단계로 구성된 미국 연방항공청(FAA) 항공 인증 절

미국 조비에비에이션의 항공택시(출처: 조비).

차 중 3단계를 업계 최초로 통과했습니다. 2023년 11월에는 조비가 개발한 eVTOL 'S4'가 처음으로 미국 뉴욕 맨해튼에서 시험비행에 성공했습니다. 전기를 동력으로 하는 에어택시가 처음으로 뉴욕 상공을 비행하면서 도심에서의 에어택시 상용화에 한 걸음 다가간 것입니다.

조비가 개발 중인 S4 모델은 조종사 1명과 승객 4명이 탑승할 수 있는 크기로 최고 속력은 시속 320km입니다. 복잡한 뉴욕 맨해튼 시내에서 JFK 국제공항까지 단 7분 만에 갈 수 있습니다. 조종사를 포함해 2인승 기체를 개발하고 있는 경쟁사들에 비해 승객을 더 태울 수 있어 상용화를 할 때 경쟁력이 높은 것으로 평가받고 있습니다.

조비는 2024년 FAA의 인증 절차를 마무리하고 2025년부터 본격적으로 AAM 상용화에 나선다는 계획입니다. 미국 델타항공과 제휴를 맺고 뉴욕과 로스앤젤레스(LA) 공항 등에서 조비의 기체를 활용해 에어택시 서비스를 출시할 예정입니다.

많은 글로벌 기업들도 조비에 투자를 이어가고 있습니다. 조비는 일본 토요타와 델타항공 등으로부터 22억 달러(약 2조 8,900억 원)가 넘는 자금을 조달했습니다. 국내 통신기업 SK텔레콤도 2023년 6월 1억 달러(1,300억 원)의 지분 투자를 했습니다.

미국 아처의 eVTOL 미드나이트(출처: 아처).

또 다른 미국 에어택시 제조업체 아처에비에이션(Archer Aviation·아처) 역시 빠른 속도로 상용화를 추진하고 있습니다. 아처는 2018년 설립된 eVTOL 제조업체로, 5인승(조종사 1명, 승객 4명) 기체인 '미드나이트'를 개발 중입니다. 미드나이트는 30~40km의 짧은 거리를 빠르게 연결하는 데 적합하며, 최고 속도는 시속 240km입니다.

아처도 2025년 상용 서비스 출시를 목표로 하고 있습니다. 아처는 2024년 400회의 시험비행 목표를 세웠는데, 8월 기준 402회의 시험비행을 완료하며 목표를 4개월 앞당겨 달성했습니다. 조비가 델타항공과 짝을 이뤘다면 아처는 미국 유나이티드항공과 제휴해 공항 셔틀 서비스를 제공할 계획입니다. 아처와 유나이티드항공은 2025년부터 시카고오헤어국제공항과 도심을 연결해 한 시간 이상 걸리는 거리를 10분 안에 오갈 수 있도록 한다는 계획입니다.

아처 역시 많은 기업들의 지원을 받고 있습니다. 글로벌 완성차 제조업체 스텔란티스(Stellantis)는 2023년에서 2024년까지 2년 동안 아처에 최대 1억 5,000만 달러(약 2,000억 원)를 투자하기로 한 데 이어, 2024년 7월에는 550만 달러(약 720억 원)를 추가로 투자했습니다. 스텔란티스는 아처의 미드나이트 항공기를 독점으로 생산할 예정입니다.

국내 모빌리티 기업인 카카오모빌리티도 AAM 상용화를 위해 아처와 손을 잡았습니다. 카카오모빌리티는 최근 최대 50기의 미드나이트 구매 의향을 전달했습니다. 국내 UAM 실증사업에 아처의 기체를 활용하기 위해 2억 5,000만 달러(약 3,460억 원)을 들여 시장을 선점하겠다는 계획입니다.

독일 AAM 스타트업 볼로콥터의 에어택시(출처: 볼로콥터).

2011년 설립된 독일 스타트업 볼로콥터(Volocopter)도 주목받는 기업입니다. 볼로콥터의 2인용 단거리 에어택시의 경우 한 번 충전하면 35km 비행이 가능하며 최고 속도는 시속 110km입니다. 볼로콥터는 2024년 프랑스 파리올림픽 기간 파리 생시르레콜비행장에 있는 최초의 상업적 맞춤형 eVTOL 수직이착륙장(버티포트)에서 유인 시험비행을 완료했으며, 베르사유궁전 내에서 비행 테스트도 수행했습니다. 2025년까지 상업 서비스를 시작한다는 계획입니다.

중국의 이항(EHang)은 조종사 없이 자율비행하는 무인 eVTOL 상용화에 속도를 내고 있습니다. 이항의 2인용 드론택시 'EH216-S'는 2023년 10월 중국민용항공총국(CAAC)으로부터 제품 안전성과 품질을 인증하는 형식 인증서(TC)를 받은 데 이어 같은해 12월에는 안전한 비행을 하기 위한 감항 인증까지 받으면서 실제 사람을 태우고 비행할 수 있게 됐습니다.

세계 최초 형식 인증을 받게 된 이항 드론택시는 14개국에서 4만 2,000회 이상의 시험비행을 마쳤으며, 2024년 5월 중동에서 처음으로 자율유인 비행을 완료했습니다. 가장 빠른 상업용 운항이 가능할 것으로 예상되지만, 2인승 기체라는 점과 비행거리(35km)와 최고 속도(시속 130km)가 제한적이라는 점은 단점으로 꼽힙니다.

이외에도 독일의 릴리움(Lilium), 영국의 버티컬에어로스페이스(Vertical Aerospace), 미국 보잉의 자회사 위스크에어로(Wisk Aero) 등 많은 기업들이 eVTOL 기체 상용화를 추진하고 있습니다.

AAM 상용화 팔 걷어붙인 한국, 산학연관군 협력해 전방위 개발

우리나라도 AAM 생태계 조성에 속도를 내고 있습니다. 여객·화물 운송, 기체 모니터링과 정비, 통신망 운용, 교통관리 등 전방위적인 교통 시스템을 구축하는 작업인 만큼 기업과 정부, 학계, 지자체가 모두 팔을 걷어붙이고 있는 상황입니다.

한국형 도심항공교통(K-UAM) 로드맵

출처: 국토교통부

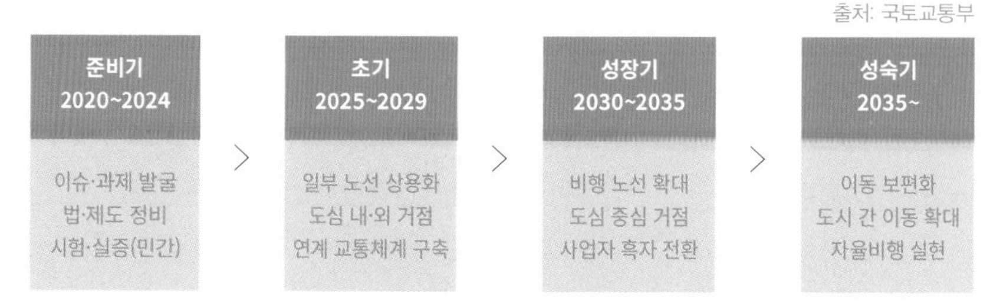

국토교통부(국토부)는 지난 2020년 5월 '한국형 도심항공교통(K-UAM) 로드맵'을 통해 2030년부터 K-UAM 본격 상용화라는 목표를 세웠습니다. 비행 노선을 2030년 10개에서 2035년 100개로 확대하고, 2035년부터는 도시 간 이동을 확대하고 이용을 보편화시킨다는 계획입니다.

구체적으로 2020년부터 2024년까지를 준비기로 잡고 시험 및 실증사업을 진행하고 있습니다. 'K-UAM 그랜드 챌린지'라고 불리는 민관합동 대규모 실증사업 프로젝트에는 총 5개 컨소시엄이 참여합니다. 현대자동차(현대차), 대한항공, SK텔레콤, KT, 인천국제공항공사 등 수많은 기업과 기관들이 컨소시엄에 참여하고 있습니다.

2024년 4월에는 현대차, 대한항공 등이 참여하고 있는 'K-UAM 원팀(One Team)' 컨소시엄이 'K-UAM 그랜드 챌린지' 1단계 통합 운용성 실증에 성공했습니다. eVTOL 기체를 통한 실질적인 운항, 교통관리, 버티포트에 대한 통합 실증을 세계 최초로 해낸 것입니다.

현대차는 AAM과 버스, 택시 등 육상교통을 연결하는 단일 서비스 플랫폼을 구축했습니다. 이를 통해 승객이 출발지에서 최종 목적지까지 AAM

을 비롯한 다양한 모빌리티를 연결해 이동하는 과정을 실증했습니다. 대한항공은 현재 개발하고 있는 AAM용 운항통제 시스템과 교통관리 시스템의 안전성을 검증했습니다. KT의 경우 비행에 필요한 교통 및 안전 데이터를 실시간으로 처리하고 공유할 수 있는 플랫폼 구축 체계를 마련했습니다.

'K-UAM 원팀' 컨소시엄에 이어 롯데렌탈, 롯데건설 등으로 구성된 '롯데 UAM 컨소시엄'도 2024년 7월 1단계 실증사업을 성공적으로 마쳤습니다.

1단계 실증 마무리 이후 2025년까지는 실제 수도권을 대상으로 기체를 띄우는 2단계 실증을 진행하게 됩니다. 먼저 준도심인 아라뱃길(드론인증센터~계양) 상공에서 비행을 시작하고, 이어 한강 노선(김포공항~여의도공원~고양 킨텍스), 탄천 노선(잠실헬기장~수서역)에서 실증이 이뤄질 예정입니다.

당초 2024년 8월 예정이었던 아라뱃길 실증이 지연된 만큼 기존 '2025년 K-UAM 상용화'라는 목표도 조정이 있을 수 있겠지만, 약 10여 년 뒤인 2035년에는 시장이 성숙기에 접어들 것으로 정부는 보고 있습니다.

국산 기체 개발도 속도, 2028년 상용화

국내 기업들의 기체 개발과 AAM 시장 선점을 위한 노력도 속도를 내고 있습니다. 현대차는 2019년 UAM사업부를 신설한 뒤 2020년 세계 최대 IT·가전 전시회인 세계가전전시회(CES)에서 UAM 첫 비전 콘셉트 'S-A1'을 제시했습니다. 이어 이듬해 미국에서 독립법인 '슈퍼널'을 설립해 그룹의 AAM 비전을 구체화했고, 4년 만인 2024년 1월 열린 CES 2024에서 신형 AAM 기체 'S-A2' 실물 모형을 최초로 공개했습니다.

S-A2는 4인승 eVTOL로, 조종사까지 포함해 최대 5명까지 탑승이 가능합니다. 최대 400~500m 상공에서 시속 200km로 비행할 수 있으며, 상용

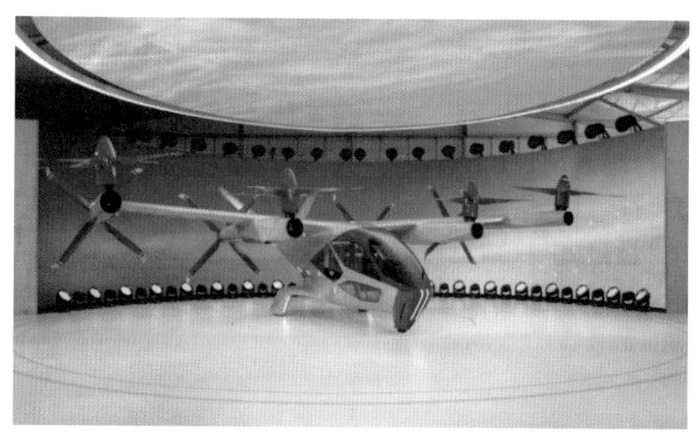

2024년 1월 열린 CES 2024에서 슈퍼널이 공개한 차세대 AAM 기체 'S-A2(출처: 현대차)'.

화 시 도심 내 약 60km 내외의 거리를 비행할 예정입니다. 현대차는 2028년 S-A2를 상용화하는 것을 목표로 하고 있습니다.

조비 등 경쟁사와 비교하면 비교적 늦은 시점이 아닌가 하는 의문이 생길 수 있습니다. 현대차는 기체뿐 아니라 AAM 전체 생태계가 구축되려면 2028년은 돼야 한다고 보고 있습니다. 기체가 있다고 해도 관제나 통신 시스템, 기체가 뜨고 내릴 수 있는 버티포트, 안전기준 등 인프라가 마련되지 않은 상태에서는 상업적으로 운항하는 것이 의미가 없다는 것입니다.

현대차·기아는 AAM이 성장할 수 있는 해외 지역에서 비즈니스를 확대하기 위한 노력도 하고 있습니다. 2024년 7월에는 인도네시아 사마린다공항에서 수요응답형 교통수단(DRT) '셔클'을 통해 전기버스의 호출과 이동을 시연했습니다. 이어 한국항공우주연구원의 AAM 시제기 시험비행에도 성공했습니다. 땅이 넓고 육로 교통 발달이 힘들어 AAM 비즈니스 성장 가능성이 큰 인도네시아 등 국가를 공략해 미래 AAM 생태계를 주도하겠다는 것입니다.

"신기술 깃발 꽂자" 부품 기업들도 뛰어들어

전통적인 자동차와 항공사 부품 기업들에게도 AAM은 새로운 먹거리입니다. 짧은 비행시간을 극복하기 위한 배터리 기술, 좁은 기내를 최대한 효율적으로 활용하기 위한 실내공간 구성 등 AAM만의 특성에 맞는 기술을 개발하기 위해 국내 부품 기업들도 속도를 내고 있습니다.

현대트랜시스 UAM 공간 디자인 솔루션(출처: 현대트랜시스).

자동차 파워트레인과 시트 제조 전문 기업 현대트랜시스는 UAM 등 미래 모빌리티를 위한 시트 선행 기술 연구에 주력하고 있습니다. 기존 자동차 시트와 다르게 기체 무게를 줄일 수 있도록 소재를 경량화하고, 좁은 공간을 효율적으로 사용할 수 있도록 앞뒤 전환이 가능한 플립 시트를 적용한 UAM 캐빈 콘셉트를 제시했습니다. 현대트랜시스 UAM 콘셉트 시트는 독일 국제 디자인 공모전 'iF 디자인 어워드 2024'에서 본상을 받기도 했습니다.

현대차 부품 계열사 현대위아는 슈퍼널과 함께 UAM 착륙 시스템 개발에 나섭니다. 현대위아는 eVTOL에 적합하도록 전기식 제동장치 및 제어장치를 채택한 착륙 시스템을 개발할 예정입니다. 민항기와 군용 항공기 착륙장치 개발 노하우로 UAM 착륙장치를 개발하고, 글로벌 수준의 안정성과 신뢰도를 확보하겠다는 계획입니다.

한화에어로스페이스는 2023년 10월 영국 UAM 전문 기업인 버티컬에어로스페이스(Vertical Aerospace·VA)와 약 2,356억 원의 부품 계약을 맺었습니다. 한화에어로스페이스는 VA의 eVTOL인 4인승 VX4에 '틸팅&블레이드 피치 시스템'을 2036년까지 공급하기로 했습니다. 이 시스템은 UAM의 수직이착륙과 수평이동을 모두 가능하게 해주는 핵심 부품으로, 모터의 동력을 프로펠러로 전달하고 기체의 비행 방향과 추력을 조정하는 역할을 합니다.

"AAM 옥석 가리기 본격화, 10곳도 살아남지 못할 것"

"자동차산업 초창기인 20세기 초에는 미국에만 수백 개의 자동차 회사가 있었지만, 그중 살아남은 기업은 포드, 제너럴모터스(GM), 크라이슬러 등 소수에 불과합니다. 현재 AAM 분야도 수많은 기업들이 미래 시장 선점에 뛰어들고 있지만 결국 마지막에 살아남는 건 5~10곳에 불과할 것입니다."

이관중 서울대 항공우주공학과 교수는 "앞으로 10년 이내에 지금의 AAM 기업 중 남아 있는 곳은 100분의 1도 되지 않을 것"이라며 이같이 말했습니다. 현재 AAM 시장이 과거 자동차 등 전통 산업이 한 차례 겪은 '옥석 가리기' 시기에 있다고 본 것입니다. 이 교수는 국내 AAM 분야 전문가로, 항공기 설계 시스템 성능 해석과 AAM 수요 등을 연구하고 있습니다.

이 교수는 "AAM 기체 제조업체가 기체를 개발해 상용화를 위한 인증을 받기까지 최소 10억 달러(약 1조 3,100억 원)가 들 것으로 추산되는데, 현재 전 세계에서 10억 달러 이상 투자받은 회사가 5개도 되지 않는다"고 꼬집었습니다. 결국 미국 조비 등 큰 규모의 자금을 확보해 상용화에 속도를 낼 수 있는 기업이나 현대차와 같이 자체적인 투자가 가능한 회사들이 시장에서 살아남는 데 유리하다는 것이죠.

현재 글로벌 기업들은 2025년부터 AAM 상용화를 목표로 하고 있는데, 이 교수는 실제로 일반 승객들이 근처 버티포트로 이동해 에어택시를 타고 공항 등 목적지로 이동하는 서비스가 상용화하기까지는 최소한 10년은 걸릴 것으로 내다봤습니다. 그는 "조비나 현대차에서 개발 중인 기체가 상용화 인증을 받으면 서비스가 가능한 단계가 되지만, 버티포트를 구축하고 통신·관제 인프라나 관련 법규가 따라오는 데도 시간이 소요된다"며 "2030년대 중반 정도는 돼야 할 것"이라고 했습니다.

AAM 상용화에 있어서 가장 큰 걸림돌은 소음보다는 안전성과 사회적 수용도가 될 것으로 전망했습니다. 이 교수는 조비, 볼로콥터 등 AAM 기체 제조업체들의 비행 시연을 참관했을 때의 경험을 전하며 "실제로 기체들이 상공을 비행할 때 소음은 대부분의 사람들이 느끼지 못할 수준이었다"며 "소음의 경우 큰 문제가 되지 않을 것"이라고 내다봤는데요.

그는 "문제는 안전성 확보"라고 강조했습니다. 이 교수는 "궁극적으로는 수익성을 위해 기체 무인화가 필요한데, 조종사가 없이 운항할 때 승객의 안전 문제나 조류 충돌(버드 스트라이크) 등 물리적 데미지를 입었을 때의 문제 등 이슈가 생길 수 있다"고 우려했습니다.

사회적 수용도도 장기적인 해결 과제라고 봤습니다. 익숙한 주거 공간에 낯선 AAM 기체가 활보하는 것을 사람들이 받아들일 수 있는 마음의 준비가 덜 됐다는 것입니다. 이 교수는 "서울은 한강을 따라 비행하거나 강남대로 등 큰 도로 위로 다닐 가능성이 큰데 만에 하나 사고가 나 거주지역에 떨어질 경우 실질적인 충격 정도와 별개로 큰 심리적인 충격이 있을 수 있다"고 말했습니다.

비용 문제도 만만치 않습니다. 국토부가 발표한 K-UAM 기술 로드맵에 따르면 UAM 운임은 초기에는 1인 기준 1km당 3,000원으로 택시 운임보다 약 3.4배 비쌀 것으로 추산했습니다. 이 교수는 "서비스를 사용했을 때 절약되는 시간의 양이 많거나, 경쟁하는 다른 교통수단이 없을수록 수요가 늘어나면서 가격이 낮아질 수 있다"며 "그런데 서울 등 도심의 경우 지하철·버스 등 다른 수단이 많아 상용화에 어려움이 많다"고 내다봤습니다.

이 교수는 "출퇴근 등 기존의 교통 수요에서는 당장 비용이 내려가지 않는 이상 큰 수요가 생기지는 않을 것"이라며 "제주도 등 대중교통이 많이 발달하지 않은 곳에서의 관광 수요, 교통 인프라가 부족한 도서·산간지역에서의 공공서비스 수요 등을 먼저 공략하는 것이 현실적"이라고 제언했습니다.

15

우주기술

한국형 달 궤도선 다누리가 촬영한 지구 모습(출처: 한국항공우주연구원).

2000년대 초반 억만장자인 일론 머스크(Elon Musk) 스페이스X 설립자와 제프 베이조스(Jeff Bezos) 아마존 설립자가 우주 사업에 뛰어들면서 민간 우주 시대를 뜻하는 '뉴스페이스(New Space)' 시대가 활짝 열렸습니다. 이들 덕분에 기술혁신과 민간투자가 이뤄졌고, 결국 재사용 발사체 기술 등을 통해 우주 진입 비용이 획기적으로 줄었습니다. 이전보다 우주에 좀 더 값싸게 갈 수 있게 되면서 아이디어로 무장한 기업들이 미국, 유럽에서 쏟아져 나왔고, 우주 개발 방식은 바뀌게 됐습니다. 정부나 글로벌 대기업만이 대규모 자금을 투자해 우주 개발에 나설 수 있었던 것에서 벗어나 스타트업들도 우주 상업화 시장에 도전하고 있습니다. 우주기술은 첨단 과학기술의 집합체라는 점에서 국가 과학기술 경쟁력을 좌우하고, 국방·안보 목적으로도 쓰일 수 있기 때문에 매우 중요합니다. 전 세계 우주 강국들은 우주 영토가 미개척지라는 점에서 위성과 로켓을 우주로 쏘아 올리고 우주 시장을 선점하기 위해 투자를 아끼지 않고 있습니다. 우주에 대한 투자가 늘면서 로켓, 위성 등 기술들도 빨리 발전해 우리 실생활에 어떻게 파급될지 주목됩니다.

우주기술은 우주라는 극한의 환경에서 쓸 수 있는 기술입니다. 인류 최첨단 기술들의 종합체인 우주기술 중 일부는 실생활에서 이미 쓰고 있습니다. 우리가 마시는 정수기부터 공기청정기, 화재경보기, 전자레인지 등은 모두 국제우주정거장(ISS)의 우주인이나 우주선 속 우주인들을 위해 개발된 기술들입니다. 우주기술은 산업 측면에서 파급효과도 큽니다. 글로벌 투자은행과 컨설팅 회사들은 우주산업의 시장규모가 점차 커질 것이라고 예상했습니다. 모건스탠리(Morgan Stanley)는 보고서를 통해 전 세계 우주산업의 경제 규모가 2022년 3,840억 달러(503조 원)에 달했고, 2030년 5,900억 달러(773조 원)와 2040년 1조 1,000억 달러(1,441조 원)까지 성장할 것이라고 전망했습니다. 유로컨설트(Euroconsult)도 2022년 전 세계 우주 경제 규모는 약 4,640억 달러(608조 원)로, 연평균 5.5% 성장해 2032년에는 8,210억 달러(1,075조 원)에 이를 것으로 예상했습니다.

화약 무기에도 숨겨진 로켓 원리

역사적으로 살펴보면 우주로 갈 수 있는 대표적인 수단인 로켓기술의 원리는 화약 무기에 숨어 있었습니다. 로켓은 기본적으로 뉴턴의 작용과 반작용 법칙인 '뉴턴의 3법칙'을 기본 원리로 적용합니다. 연료를 태워 가스를 만들고 이를 노즐을 통해 분출시켜 추진력을 얻습니다.

화약을 발명한 중국은 1232년에 '비화창(飛火槍)'이라고 불리는 무기를 사용했습니다. 통 속 화약이 타면서 연소가스를 뒤로 분출하며 생기는 반작용으로 창이 날아가는 원리입니다.

우리나라는 고려 말 최무선이 만든 '주화(走火)'라는 화약 무기를 사용했습니다. 이를 세종 때 개량하면서 '신기전(神機箭)'이라고 불렀는데 영화로도 제작돼 우리에게 잘 알려졌습니다. 이러한 화약 무기 기술들은 몽고제국과 인도 등을 통해 유럽 등으로 전파됐습니다.

오늘날의 로켓 모습을 갖추기 시작한 것은 1900년대에 들어서부터입니다. 콘스탄틴 치올콥스키(Konstantin Tsiolkovsky)라는 폴란드계 러시아 로켓 과학자가 지구로 향할 로켓을 구상했고, 로버트 허친스 고다드(Robert Hutchings Goddard)가 액체산소와 액체수소를 이용한 로켓을 개발했습니다. 이후 제2차 세계대전을 앞두고 독일에서는 베르너 폰 브라운(Wernher von Braun) 박사 등이 중심이 돼 전쟁 무기로서 V2 로켓을 개발했습니다. 로켓기술들은 독일의 전쟁 패배 이후 미국과 구소련(러시아)으로 전파돼 우주용으로 활용됐습니다. 구소련은 1957년에 R-7 로켓을 선보였고, 이를 이용해 세계 최초의 인공위성인 스푸트니크 1호가 같은 해 발사됐습니다. 미국도 이듬해 주피터-C 로켓으로 익스플로러 1호를 발사하면서 미소 냉전시대에 우주 개발에 속도가 붙었습니다.

우리나라는 대학 등에서 일부 연구를 수행했지만, 자체 로켓기술력이 없었습니다. 이에 프랑스(아리안로켓), 인도(PSLV), 러시아(코스모스-3M) 등의 로켓을 이용해 인공위성을 발사해왔습니다. 자주적인 로켓 개발 여정은 러시아로부터 시작됐습니다. 2000년대 초반 러시아의 기술지원 아래 한국항공우주연구원(이하 항우연)을 중심으로 나로호 개발이 추진됐습니다.

항우연은 2009년과 2010년에 두 차례 발사했지만 실패했습니다. 나로호는 2013년 3차 발사 후에서야 성공을 할 수 있었습니다.

이후 항우연은 10여 년의 노력 끝에 75t(톤)급 엔진 개발부터 연소 설비 구축, 시험발사체 발사 등을 연달아 해냈고 누리호 발사까지 성공하게 됐습니다. 현재 '한국판 스페이스X'를 키우기 위한 체계종합기업으로 한화에어로스페이스가 선정돼 2025년부터 2027년까지 누리호를 3차례 반복 발사할 예정입니다. 2024년부터는 차세대 발사체 개발도 시작해 오는 2032년 달착륙선을 달로 보낼 예정입니다.

로켓, 우주발사체는 한 번만 쓰고 버려야 하는 일회성 발사체와 재사용 가능한 발사체로 나눌 수 있습니다. 대부분의 우주발사체는 재사용할 수 없습니다. 스페이스X의 팰컨9 로켓의 경우 1단 추진체와 페어링 부품들을 재사용할 수 있습니다.

우리나라는 한화, 페리지에어로스페이스, 이노스페이스 등에서 재사용 초기 단계 기술을 가지고 있습니다. 2023년부터 누리호 반복 발사로 받은 예산의 일환으로 재사용 기술 시연체 개발도 추진되고 있습니다. 개발이 성공적으로 이뤄지면 약 90초 동안 500m 고도로 올라가 수직이착륙 비행을 할 예정입니다. 스페이스X의 로켓과 달리 잠깐 떴다가 제자리로 간다는 점에서 아직 초보 단계에 있습니다.

최근 해외에서는 더 효율적인 로켓들이 개발되면서 달, 화성으로의 유인 탐사와 우주 관광 가능성도 커지는 추세입니다. 스페이스X는 화성과 더 먼 우주로 갈 수 있는 '스타십(Starship)'이라는 재활용 발사체를 개발하고 있습니다. 2024년 4월에는 네 번째 도전 끝에 단 분리, 추진체 회수도 성공적으로 해냈습니다. 스페이스X는 궁극적으로 2050년까지 100만 명을 화성으로 이주시키는 데 이 로켓을 활용할 계획입니다.

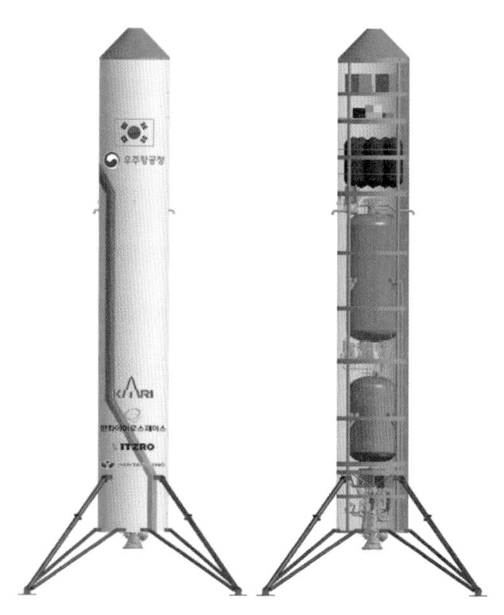

재사용 기술 시연체 형상(출처: 한국항공우주연구원).

최근에는 친환경 연료를 사용하거나 3D 프린팅을 적용해 효율을 높이는 등 자원을 아끼기 위한 시도도 이뤄지고 있습니다. 미국의 신생 우주 기업 렐러티버티스페이스(Relativity Space)는 세계 최초로 3D 프린팅으로 만든 재사용 로켓을 발사해 관심을 끌었습니다. 비록 궤도 진입에는 성공하지 못했지만 비용을 줄여 상업화를 하려는 업계의 동향을 잘 보여줬습니다.

중력과 원심력을 이용하는 위성

이러한 로켓들이 완성되면 기본적으로 인공위성이나 실험 기기를 실어 우주로 보내게 됩니다. 저궤도(250~2,000km), 중궤도(2,000~3만 6,000km), 정지궤도(3만 6,000km), 고궤도(3만 6,000km 이상)로 나눠 위성 크기, 용도에 따라 보냅니다.

한국과학기술원(KAIST·카이스트) 인공위성연구소에 따르면 인공위성은 사람이 특수한 목적을 달성하기 위해 지구 주변을 돌도록 만든 물체라고 할 수 있습니다. 인공위성은 편의상 지구 궤도에 있는 것뿐만 아니라 다른 행성 탐사를 위해 지구로부터 멀리 날아가는 경우도 위성으로 간주합니다.

물체 사이에는 만유인력이라는 서로 잡아당기는 힘이 작용합니다. 호(원의 둘레)를 그리는 운동을 하는 물체에는 호의 바깥쪽으로 나가려 하는 원심력이 작용합니다. 지구가 위성을 당기는 중력과 위성이 밖으로 나가려고 하는 원심력이 서로 평형을 이루면 위성은 안정적인 상태가 돼 일정한 궤도를 그리며 운항합니다.

과거에는 중·대형 위성을 정지궤도에 올려 활용했다면 최근에는 초소형 위성 수십 대 또는 수백 대를 지구 저궤도로 쏘아 올려 지구를 훤히 들여다보는 방법이 인기를 끌고 있습니다. 하나의 위성을 제대로 만들어 한 곳만 보기보다는 지구 저궤도에 초소형 위성들을 값싸게 찍어내서 관측하는 방식으로 변화되고 있습니다.

초소형 위성들은 마치 별자리처럼 초소형 위성들이 군집 위성을 만들며 '우주 인터넷'과 같은 서비스를 가능하게 합니다. 기존 지상 기반 인터넷이 전선으로 연결해야 했던 것과 달리 인공위성으로 연결하기 때문에 섬이나 산지 지형에서도 누구나 접근 가능한 인터넷을 제공한다는 점에서 의미가 있습니다. 스페이스X가 제공하는 우주 인터넷 서비스 '스타링크' 가입자는 지난 2020년 10월 시범 서비스를 시작한 이후 가입자 수를 빠르게 늘려 2024년 9월 들어 400만 명을 돌파해 화제를 모으기도 했습니다.

우주항공청 개청 따라 한국 우주 기업들도 약진

2024년은 우리나라 우주 개발 역사에게 큰 의미가 있는 해였습니다. 우주 전문가들의 숙원이었던 우주항공청이 5월 27일 경남 사천에 둥지를 마련하면서 국제 외교, 예산 확보 등 측면에서 과거 정부출연연구기관이나 과학기술정보통신부 소관일 때보다 더 강력한 힘을 발휘할 수 있게 되었기 때문입니다.

우주항공청의 예산은 2024년 7,598억 원에서 2025년에는 27% 늘어난 9,649억 원으로 책정됐습니다.

우주항공청은 개청 100일을 맞아 개최한 기념 간담회에서 스페이스X가 제시한 지구 저궤도 수송비용의 절반 수준인 킬로그램(kg)당 1,000달러(130만 원)를 달성하겠다는 청사진을 제시해 주목을 받았습니다. 누리호가 2만 4,000달러(3,143만 원)라는 점을 감안하면 얼마나 도전적인 목표인지 알 수 있습니다.

우주항공청은 이와 함께 재진입 비행체 개발, L4 태양 탐사선 발사, 지속가능한 달 탐사 등을 제시해 향후 현실로 이뤄낼지 관심입니다.

이를 위해서는 국내 우주 기업들이 더 발전해야 하고, 구매 계약 등 기존 우주 개발 방식에 변화가 필요할 것으로 보입니다. 과거와 달리 국내 우주 스타트업들도 늘었습니다. 이노스페이스, 컨텍, 루미르 등이 코스닥시장에

2024년 5월 27일, 우주항공청 개청 후 촬영한 기념사진(출처: 우주항공청).

이미 상장했거나 상장을 추진하고 있습니다. 다만 우주항공청 개청에 따른 기대효과와 상장 주관사의 과대평가 때문인지 상장 이후 우주 기업들의 주가가 하락해 이들 우주 기업들의 마음이 편치만은 않은 실정입니다. 그럼에도 나라스페이스테크놀로지(나라스페이스), 페리지에어로스페이스처럼 상장에 도전하는 기업들도 있고, 무인탐사연구소처럼 조기 투자 유치에 성공한 기업들이 나오면서 우리나라 우주 상업화에 역할을 할지 기대됩니다.

윤영빈 우주항공청장은 "우주항공청은 우주 접근의 보편성을 확보하고, 우주 경제 실현을 위한 우주 수송 체계를 완성하겠다"며 "민간 산업체의 시장 진입을 활성화하고, 도전적 임무 수요에 대응할 수 있는 위성 개발 생태계를 조성하겠다"고 강조했습니다.

"누리호 성능 3배 높인 차세대 발사체로 달 문 열겠다"

"차세대 발사체는 누리호의 우주 수송 능력을 3배 정도 높인 발사체입니다. 선진국에 비해 늦었지만 누리호로 하지 못했던 달착륙선을 달로 보내 우주탐사로 영역을 확장해줄 것으로 기대합니다."

최환석 항우연 발사체연구소장은 차세대 발사체의 의미에 대해 이같이 강조했습니다. 차세대 발사체는 항우연과 체계종합기업인 한화에어로스페이스가 함께 개발 중인 로켓으로, 오는 2032년 달착륙선을 우리 힘으로 달에 보내줄 것으로 기대를 모으는 발사체입니다.

우리나라는 2000년대 초반부터 러시아의 기술지원을 받아 나로호를 개발해 발사했고, 누리호를 개발해 성공적으로 지구 저궤도에 탑재체를 올렸습니다. 하지만 막대한 예산과 미국 항공우주국(NASA)의 지원을 받아 단숨에 발사체 시장을 장악한 스페이스X와 비교하기에는 무리가 있는 게 사실입니다.

최환석 소장은 "선진국의 우주 발사체와 비교하면 부족한 게 맞다"면서도 "선진국처럼 강력한 발사체를 만드는 것도 좋지만 현재 우리가 가진 역량을 모아 제대로 해내는 부분도 중요하다"고 설명했습니다.

다행인 것은 우리나라도 늦었지만 재사용 기술개발의 첫걸음을 뗐다는 점입니다. 스페이스X의 팰컨9이 추진체 등을 재사용할 수 있는 것과 달리 우리는 아직 초기 단계에 있습니다.

항우연 연구진과 한화에어로스페이스, 비츠로넥스텍, 한양이엔지가 협력해 2023년부터 재사용 기술 시연체를 개발하고 있습니다. 아직 초기 단계이지만 6.3t(톤)급의 시연체를 500m 비행고도에 올려 90초 동안 비행을 추진할 계획입니다. 이를 통해 차세대 발사체 2단 엔진을 검증하고, 추력 조절을 통해 재사용을 위한 일부 기능도 확보할 계획입니다. 차세대 발사체는 다단 연소 사이클 엔진을 적용하는 등 재사용을 위한 일부 기술을 적용해 연료 효율을 높였습니다. 물론 재사용을 하려면 하강하면서 자세 조절, 재점화를 하는 게 까다롭기 때문에 갈 길이 멉니다.

최 소장은 "스페이스X의 팰컨9 로켓은 부분 재사용하는 과정에서 자세 조절, 재점화 등을 한다"면서 "로켓이 내려오는 과정에서 추진제가 위로 쏠리지 않게 하고 추력을 조절하는 게 특히 어려운 기술"이라고 설명했습니다.

항우연 연구진은 앞으로 우리나라 우주탐사에 활용될 차세대 발사체도 2024년 말쯤 시스템 요구사항 리뷰 회의를 열고 본격적인 설계 작업도 해나갈 계획입니다.

우리나라가 차세대 발사체를 개발하는 가운데, 재사용 기술은 우주업계에서 시장 판도를 바꿀 게임체인저 기술로 통합니다. 상업적 이용을 위해 독성 추진제를 사용하지 않고, 과거에는 성능을 만족시키기 위해 모든 것을 투자한 것과 달리 가격을 낮추기 위해 일부 희생도 고려한다는 점도 로켓

개발에서 중요한 차별점입니다.

로켓의 역할과 기능도 점차 변화하고 있습니다. 최근 우주 발사체는 탑재물 싣고 원하는 고도에서 다른 고도로 바꿔서 보내주는 기능까지 해주는 것으로 발전하고 있습니다. 쉽게 말해 한군데에만 택배를 배달하는 게 아니라 재점화를 통해 움직여서 여러 군데 탑재체를 보내주는 것입니다. 또 탑재체 안에 위성만 싣는 게 아니라 독립적인 로켓이라 할 수 있는 단(스테이지)을 실어서 중간 기착지에 보내면 다시 거기서 다른 곳으로 이동하며 보내주는 역할을 하는 식으로 진화하고 있습니다. 발사체에도 서비스 개념이 적용되고 있는 것입니다.

최 소장은 "과거 지구 궤도에 인공위성을 보내는 게 가장 큰 수요였고, 국제우주정거장(ISS)에 보내주는 게 중요했는데 우주 수송뿐만 아니라 시장성과 우주에서 활동을 통해 만드는 가치가 중요해지고 있다"면서도 "하지만

나라스페이스테크놀로지가 개발한 위성 '옵저버(출처: 나라스페이스테크놀로지)'.

근간에는 우주 수송에 필요한 발사체가 중요한 만큼 국민 응원과 지지도 부탁드린다"고 설명했습니다.

"위성 제조 넘어 우주 서비스 시대 준비"

"최근 초소형 인공위성 기업들의 화두는 고객 서비스입니다. 글로벌 기업들도 단순한 위성 설계부터 제조, 임무 운영, 영상 분석, 고객 서비스 제공까지 기업 스스로 하거나 연합(컨소시엄)해서 서비스를 제공하기 위해 노력하고 있습니다."

초소형 인공위성 스타트업인 나라스페이스를 이끄는 박재필 대표는 이같이 설명했습니다. 박재필 대표는 지난 2015년 회사를 창업한 뒤 기업 성장을 이끌어온 한국 뉴스페이스 대표 주자 중 한 명입니다. 그는 2024년 9월 프랑스 파리에서 열린 '세계위성사업주간(WSBW)'에 당당히 초청받아 스파이어 글로벌(Spire Global) 등 굴지의 우주 기업 대표들과도 어깨를 나란히 하며 업계의 주목도 받았습니다.

박 대표에 따르면 그동안 업계에서 위성 서비스, 지상국 서비스 개념으로 분리해서 생각했던 부분이 우주 서비스, 우주 인프라 서비스 개념으로 확장되고 있습니다. 기업들도 위성 공급자 입장에서 바라보는 것이 아니라 우주 서비스 개념과 시장의 중요성에 대해 주목하기 시작했습니다. 쉽게 말해 과거 우주 전문 기관만이 서비스가 필요했다면 이제는 일반 대중이나 비전문가들에게 필요한 우주 서비스를 제공하고, 이들이 위성 정보를 이용해 실생활에 활용하는 부분이 중요해진 셈입니다.

나라스페이스는 2023년 11월 국내 첫 상업용 초소형 지구 관측 위성인 '옵저버 1A'를 자체 개발·발사해 이러한 서비스 제공의 가능성을 보여줬습니다. 옵저버 1A는 미국 스페이스X의 팰컨9 로켓에 실려 우주로 발사된 뒤

부산 등 세계 주요 도시를 촬영했고 지금도 지구 저궤도를 돌며 관측 임무를 하고 있습니다.

위성은 환경 감시, 국방용으로도 주목받고 있습니다. 초분광 위성 영상들을 얻기 위해 여러 대의 초소형 위성들을 발사해 연결망을 구축한 뒤 촬영한 사진을 이용해 미세먼지, 온실가스도 분석할 수 있고, 남는 시간을 활용해 다른 위성을 감시할 수도 있기 때문입니다.

실제 나라스페이스는 환경 임무 수행을 위한 위성 개발에도 속도를 내고 있습니다. 2023년 9월부터 서울대 기후연구실, 한국천문연구원, 폴란드의 스캔웨이스페이스(Scanway Space)와 함께 메탄가스 모니터링을 위한 초소형 위성을 개발하는 '나르샤 프로젝트'도 추진해 2026년 하반기께 발사를 앞두고 있습니다.

위성 시대가 본격화하면서 우주 경제를 실현할 가능성도 다가오고 있습니다. 위성들을 값싸게 대량으로 생산하고, 운용할 가능성이 점차 확대되고 있습니다. 나라스페이스의 경우 국내 수요를 뒷받침하며 회사의 매출액은 매년 2배씩 성장하고 있습니다. 2025년 상반기에는 상장도 추진할 계획입니다. 궁극적으로는 초소형 위성 서비스를 확대하기 위해 5년 이내에 100여 기의 초소형 위성을 발사하고, 군집으로 운용해 세계 주요 도시에 대한 실시간 모니터링 서비스를 제공할 계획입니다.

박 대표는 "옵저버 위성으로 전 세계 랜드마크들을 잘 찍고 있다"며 "위성 영상으로 식생지수, 탄소 저장량, 도시 건강성 등을 확인하는 데 쓸 수 있어 서비스를 확장할 계획"이라고 설명했습니다.

자율주행차·초소형 위성 연계도 가능해질 전망

이러한 초소형 위성은 우리 실생활에도 활용성이 점차 커지고 있습니다. 무엇보다 인공지능(AI), 자율주행과 같은 미래기술과 연계한 접근도 이뤄지고 있습니다. 박 대표에 따르면 위성이 많아지는 상황에서 자율주행자동차에 응용해 실생활에 변화를 주려는 시도도 이뤄지고 있습니다.

가령 초소형 위성으로 재난 재해 지역을 재빠르게 감지한 뒤 자율주행자동차에 정보를 알려줘 우회도로를 빨리 알려줄 수 있습니다. 위성과 자동차가 항상 연결돼 있다고 가정하면 다양한 서비스도 제공할 수 있습니다.

최근 업계에서는 '지속가능한 우주 활용'에도 각별한 관심을 보이고 있습니다. 초소형 위성이 급격히 늘어나는 가운데 우주 환경이 오염되지 않고 오래 생태계를 유지할 수 있도록 하기 위한 방법을 찾고 있습니다. 연료가 떨어진 위성에 다시 연료를 주입하거나 수명이 끝난 위성을 처리할 방법을 찾기 시작한 것이 대표적인 사례입니다. 또 우주 잔해물 속에서 위성 교통관제 시스템을 활용해 우주 쓰레기들과 충돌하지 않고 고유의 임무를 수행하기 위한 연구개발도 추진되고 있습니다.

박 대표는 초소형 위성이 이끄는 시대로의 전환은 불가피하다고 강조했습니다. 이제는 '별자리'처럼 군집 위성들이 우주를 수놓는 시대가 본격화될 수밖에 없다는 것입니다. 이러한 변화에 대응하려면 우리나라도 서둘러 준비하고 초소형 위성들을 발사해야 한다고 거듭 강조했습니다.

박 대표는 "위치정보시스템(GPS)이 이제 우주 인터넷(스타링크)으로 넘어간 것처럼 위성 영상 연결이 본격화되고 지금보다 훨씬 더 많은 위성들이 발사될 것"이라며 "위성 증가가 기정사실화된 상황에서 미래 우주 경제 시대를 대비해나가야 한다"고 설명했습니다.

역사를 돌아보면 시대를 근본적으로 바꾸는 기술이 등장하는 시기가 있었다. 증기기관차가 처음 달리고, 가정마다 컴퓨터가 들어오기 시작했을 때, 스마트폰이 우리 손에 자리 잡았을 때, 우리는 세상의 변화를 미처 깨닫기도 전에 환경이 송두리째 바뀌는 것을 경험했다. 그리고 지금이 바로 그런 때인지도 모른다. 지난 2016년 이세돌 9단과 알파고의 바둑 대결 이후 챗(Chat)GPT로 대표되는 생성형 인공지능(AI)의 등장은 우리의 상상을 뛰어넘는 속도로 세상을 빠르게 바꿔나가고 있다. 이제 우리는 또 한 번 세상을 근본적으로 바꾸는 디지털혁명의 한복판에 서 있는 것이다.

이데일리 〈2025 핫한 기술 쿨한 기술 – AI부터 우주까지 더 깊어진 미래기술 15〉(《미래기술 15》)는 2018년 첫 발간 이후 세계가 어디를 향해 움직이고 기술이 어떤 방향을 제시하는지 알려주는 친절한 안내서로 기능해왔다. 2024년에는 AI, 로봇, 차세대 반도체, 양자, 디지털 트윈, 미래 모빌리티, 우주기술, 그리고 의료 분야의 혁신적 기술까지 의미 있는 변화를 불러올 미래기술을 엄선해 더욱 심도 있는 통찰력을 제공한다.

이 책이 소개하는 각각의 기술 중 가장 주목해야 하는 기술은 단연 AI다. AI는 실로 놀라운 속도로 발전하고 있다. 휴대폰 기술에서 3년이 걸리던 혁신이 AI에서는 3개월 만에 이루어지고 있다. 대학현장에서는 단순히 AI 관련 전공 강의를 개설하는 수준을 넘어 AI를 활용해 새로운 교육 과정을 개발하고 학습을 보조하는 다양한 방안을 연구 중이다. AI는 커리큘럼 구성부터 참고 자료 제공, 과제와 시험 문제 만들기 등 교육의 질을 대폭 향상시키는 도구로 활용되고 있다. 이러한 변화는 전통적인 대학 교육을 바꾸며 대학의 역할 또한 재정립하고 있다.

비단 교육 분야뿐만이 아니다. 의료, 금융, 제조업, 예술 등 거의 모든 산업과 인간 활동 영역에 광범위한 영향을 미치고 있으며, 그 파급력은 날로 증대되고 있다. 이러한 전방위적 변화 속에서 머지않아 AI가 인간의 지능을 넘어서는 범용 인공지능(AGI) 시대가 도래할 것으로 예상된다. 그 시점을 2045년으로 봤던 미래학자 레이 커즈와일(Ray Kurzweil)은 최근 〈특이점이 더 가까이 온다(The Singularity is Nearer)〉라는 책을 내고 AGI가 실현되는 시점을 2029년으로 앞당겨 예측하기도 했다.

앞으로 3년은 AI 시대의 주도권을 확보할 중요한 시기가 될 것으로 보인다. 이를 위해서는 AI 모델, AI 전용 반도체, 클라우드 컴퓨팅, 스마트 기기 등 관련 산업 전반의 유기적 연계와 균형 있는 성장이 필수적이다. 세계 최고 수준의 메모리 반도체 기술과 탄탄한 제조업 기반의 하드웨어 역량은 우리의 큰 강점이라 할 수 있다. 이 책에서 소개하는 첨단 반도체 기술 동향을 면밀히 파악하고 관련 기술들을 숙지함으로써 AI 시대의 급격한 변화에 선제적으로 대응해나갈 수 있을 것이다.

또한, AI 기술에 이은 차세대 혁신 동력으로 로봇 기술이 부상하고 있다. 엔비디아의 최고경영자 젠슨 황(Jensen Huang)이 2024년 엔비디아 개발자컨퍼런스(GTC)에서 "AI의 다음 물결은 로보틱스가 될 것"이라고 선언한 것처럼, AI를 탑재한 로봇이 산업현장 전반의 혁신을 주도할 것으로 전망된다. 특히 사람과 유사한 형태의 휴머노이드 로봇이 속속 등장하면서 미래에는 움직이는 모든 것이 로봇화될 가능성이 제기되고 있다. 이러한 추세는 AI와 로봇 기술의 융합이 가져올 혁명적 변화를 예고하고 있다.

〈미래기술 15〉는 AI와 반도체, 로봇 외에도 미래의 핵심 동력이 될 기술들을 폭넓게 조명하고 있다. 양자과학기술은 경제·사회·안보·환경 등 유망 산업의 혁신적 변화와 다양한 난제 해결에 중추적 역할을 담당할 뿐만 아니라 국방·안보 면에서 높은 파급력으로 미래 국가 안보에 필수 핵심 전략기술로 주목받고 있다. 그 밖에도 새로운 프런티어를 개척할 우주기술, 생명 연장의 꿈에 한 발 더 다가설 첨단 의료 기술 등 새로운 시대의 방향타로 삼을 수 있는 키워드를 찾는 데 도움이 될 것이다.

국가과학기술자문회의는 대통령을 의장으로 하는 과학기술 분야 최상위 의사결정 기구로 지난 2022년 국가 전략기술 확정에 이어 2024년 4월에는 우리나라 미래산업의 패권을 좌우할 AI-반도체, 첨단 바이오, 양자과학기술의 육성 전략을 담은 '3대 게임체인저 기술 이니셔티브'를 의결했다. 3대기술 분야에 국가의 모든 인적·물적·전략 자산을 집중적으로 투자하고 동맹국과 전략적으로 협력해나가겠다는 의지를 담고 있다. 이는 대한민국이 그간의 빠른 경제성장을 뒷받침해온 추격형 전략을 탈피하고 기술혁신을 선도하는 '퍼스트무버(first mover)'로 변모하기 위한 중요한 전환점이 될 것이다.

바야흐로 대전환의 시대다. 기존의 틀과 고정관념을 깨는 혁신적인 기술과 발상 없이는 살아남기 어렵다. 도전을 기회로 바꾸려면 책에서 제시하는 기술과 글로벌 동향을 면밀하게 관찰하고 혁신의 길을 찾아나가야 한다. 2018년부터 매년 대한민국과 인류의 미래를 좌우할 핵심기술들을 깊이 있게 탐구하고 소개해온 이데일리의 열정과 노고에 깊이 감사드린다. 이 책은 일반 국민부터 기업 종사자, 정책 입안자에 이르기까지 다양한 독자층에 실질적인 통찰을 제공할 것이다. 독자 여러분께서도 〈미래기술 15〉를 통해 미래기술의 무한한 가능성을 발견하고, 그 속에서 자신의 역할과 비전을 찾으시기를 희망한다.

최양희
국가과학기술자문회의 부의장,
한림대학교 총장, 전(前) 미래창조과학부 장관

2025
핫한 기술 쿨한 기술

펴낸 날	초판 1쇄 발행 2024년 11월 21일
회장·발행인	곽재선
대표·편집인	이익원
편집보도국장	이정훈
지은이	이데일리 미래기술 특별취재팀
진행·편집	이데일리 미디어콘텐츠팀
디자인	베스트셀러바나나
인쇄	엠아이컴
펴낸 곳	이데일리(주)
등록	제318-2011-00008(2011년 1월 10일)
주소	서울시 중구 통일로 92 KG타워 19층
전자우편	edailybooks@edaily.co.kr
가격	23,000원
ISBN	979-11-87093-31-2 (03500)

핫한 2025 쿨한
기술 기술